高等学校土木工程专业"十三五"规划教材
高校土木工程专业规划教材

装配式建筑 BIM 技术应用

北京建科建研科技有限公司
杭州万霆科技股份有限公司　　组织编写
　　刘占省　主编

U0196151

中国建筑工业出版社

图书在版编目（CIP）数据

装配式建筑BIM技术应用/刘占省主编. —北京：中国建筑工业出版社，2018.7

高等学校土木工程专业"十三五"规划教材. 高校土木工程专业规划教材

ISBN 978-7-112-22442-5

Ⅰ.①装… Ⅱ.①刘… Ⅲ.①建筑工程-装配式构件-工程管理-应用软件-高等学校-教材 Ⅳ.①TU71-39

中国版本图书馆CIP数据核字（2018）第153815号

全书共分为7章，内容包括装配式建筑基本简介、BIM基本简介、BIM在项目各方面的应用与协同、BIM在装配式建筑设计阶段的应用、BIM在预制构件生产运输阶段的应用、BIM技术在装配式建筑施工过程中的应用、BIM技术在装配式建筑运行维护阶段的应用。

本书可作为土建类专业教学使用，也可供相关专业及建筑从业人员使用。

为更好地支持本课程教学，作者自制免费课件资源，请发送邮件至jgzykj@cabp.com.cn索取。

* * *

责任编辑：司　汉　朱首明　李　阳
责任校对：张　颖

高等学校土木工程专业"十三五"规划教材
高校土木工程专业规划教材
装配式建筑BIM技术应用
北京建科建研科技有限公司
杭州万霆科技股份有限公司　组织编写
刘占省　主编

*

中国建筑工业出版社出版、发行（北京海淀三里河路9号）
各地新华书店、建筑书店经销
霸州市顺浩图文科技发展有限公司制版
北京建筑工业印刷厂印刷

*

开本：787×1092毫米　1/16　印张：13½　字数：334千字
2018年8月第一版　　2018年8月第一次印刷
定价：**35.00**元（赠课件）
ISBN 978-7-112-22442-5
（32313）

本书编委会

主　　编：刘占省　北京工业大学

副 主 编：李　浩　中建一局集团建设发展有限公司

　　　　　刘若南　中建科技有限公司

　　　　　王其明　中国航天建设集团有限公司

主　　审：曹少卫　中铁建工集团有限公司

编写人员：马张永　甘肃建投钢结构有限公司

　　　　　栾忻雨　北京工业大学

　　　　　王宇波　北京工业大学

　　　　　张兆钦　北京工业大学

　　　　　张韵怡　北京工业大学

　　　　　何　建　哈尔滨工程大学

　　　　　孙建军　天津卓翔建筑咨询有限公司

　　　　　郑智敏　杭州万霆科技股份有限公司

　　　　　张　可　杭州万霆科技股份有限公司

　　　　　任　安　杭州万霆科技股份有限公司

前　　言

　　建筑信息模型（Building Information Modeling，简称 BIM）是集成模拟仿真建筑数字信息，在计算机辅助设计（CAD）等技术的基础上发展起来的建筑学、工程学及土木工程的新工具。BIM 不仅支持在建筑全生命周期中的各参与方的各项工作在同一多维信息模型上的协同及精细化管理，还为产业链的连接、工业化标准化建造及繁荣建筑创作提供技术的保障。BIM 的优势及其为工程建设行业带来的利益不言而喻，BIM 技术应用成为土木相关行业今后的技术发展趋势。住房和城乡建设部发文指明：到 2020 年末，建筑行业甲级勘察、设计单位以及特级、一级房屋建筑工程施工企业应掌握并实现 BIM 与企业管理系统和其他信息技术的一体化集成应用。

　　装配式建筑是由预制部品和构件在工地装配而成的建筑。随着现代工业化的普及，建造房屋也可以像工厂流水线生产产品一样，成批成套产出。因其建造速度快，受气候条件制约小，既可节约劳动力又可提高建筑质量等优点，装配式建筑在 20 世纪初就开始引起人们的兴趣，目前国家更是提出要大力发展装配式建筑推动产业结构调整升级。住房和城乡建设部在《"十三五"装配式建筑行动方案》上确定工作目标，要求到 2020 年，全国装配式建筑占新建建筑的比例达到 15% 以上，其中重点推进地区达到 20% 以上，积极推进地区达到 15% 以上，鼓励推进地区达到 10% 以上。

　　编写本书的主要目的是为了给读者提供 BIM 技术是如何运用到装配式建筑之中的，循着本书的指引，让读者了解装配式建筑及 BIM 技术的基本情况，并掌握 BIM 技术在装配式建筑的设计阶段、预制构件的生产运输阶段、装配式建筑施工过程及运行维护阶段的应用。

　　本书在编写过程中参考了大量专业文献，汲取了行业专家的经验，也参考借鉴了有关专业书籍，在此对有关的编著者表示衷心的感谢！

　　由于编者的水平有限，加之时间仓促，书中的不足之处，衷心期望各位读者给予指正。

目　　录

第 1 章

装配式建筑基本简介

【本章导读】

本章主要介绍了装配式建筑概念、装配式建筑发展、装配式建筑的优势、装配式建筑在当今的应用以及对未来装配式建筑的预测。首先，重点从装配式建筑的概念以及发展流程两方面对装配式建筑进行初步的介绍，并进一步针对装配式建筑的特点与其在建筑领域独特的优势，使读者对装配式建筑这个新型建筑有进一步的认识；然后，对未来装配式建筑的发展进行探讨，为读者个人职业生涯规划提供参考；最后，简单总结装配式建筑全生命周期的应用，使读者对装配式建筑从设计到运维有更深层次的了解。

1.1 装配式建筑基本介绍

装配式建筑是指用工厂生产的预制构件在现场装配而成的建筑，从结构形式来说，装配式混凝土结构、钢结构、木结构都可以称为装配式建筑，装配式建筑是工业化建筑的重要组成部分。这种建筑的优点是建造速度快，受气候条件制约小，既可节约劳动力又可提高建筑质量。

1.1.1 装配式建筑发展现状

第二次世界大战之后，由于住房紧缺和劳动力匮乏，欧洲兴起了建筑工业化的高潮，各国开始采用工业化装配的生产方式（主要是预制装配式）建造住宅，英、法、苏联、东欧在 20 世纪 50～60 年代重点发展了以装配式大板建筑为主的建筑工业化体系。20 世纪 70 年代早期，美国开发了盒子结构式房屋、大板装配式房屋、活动住房等数种预制建筑体系。瑞典和丹麦的建筑工业化也在该时期得到较快的发展。在亚洲地区，日本于 20 世纪 60 年代为解决"房荒"问题，开始采用工厂生产住宅的方法进行大规模的住宅制造。20 世纪 80 年代，中国香港地区和新加坡开始引进预制技术。时至今日，这些国家和地区的建筑工业化发展较为成熟，2007 年数据统计，美国 12% 的独户住宅和低层多户住宅都是由模块住宅制造商生产的。目前预制装配式结构在混凝土结构建筑中所占的比例，美国约为 35%，欧洲约为 30%～40%，新加坡、新西兰、日本则超过 50%。这些国家的建筑工业化已经达到了很高的水平。以美国为例，其主体结构构件实现了通用化，各类制品和设备实现了社会化生产和商品化供应，各种建筑部品与预制构件、轻质板材、室内外装饰材料以及相应设备产品种类丰富，用户可以通过产品目录从市场自由选购。

我国内地的建筑工业化是从新中国成立后逐步发展起来的，20 世纪五六十年代，借鉴苏联经验，开始对建筑工业化进行了初步的探索，"文革"时期，建筑工业发展停滞；20 世纪 80 年代，预制装配式建筑得到较快的发展，全国大中城市开始兴建大板建筑，北京、辽宁、江苏、天津等地区建起了墙板生产线，全国二十几个大中型城市的预制混凝土构件生产企业都在积极研究、开发新型墙板的生产。此时，我国在大板建筑领域已有相当的水平，实现生产工艺的机械半自动化。到 20 世纪 80 年代后期，全国已竣工大板住宅 700 万 m^2。1987 年，全国已形成每年 50 万 m^2（约 3 万套住宅）大板构件生产能力，并形成一套自己的技术标准。进入 20 世纪 90 年代之后，我国的建筑工业化的研究与发展几乎处于停滞甚至倒退状态，建筑技术水平和建筑制品的质量没有得到提高。与现浇混凝土结构相比，装配式建筑受力性能和抗震性能较差建筑部品及配套材料研发不够，使得建筑制品的隔热、保温、隔声等使用性能较差，构配件生产工艺落后，施工管理及安装技术、检测手段不满足要求，形式单调，难以形成多样化的外观。全国很多地区都出台了限制及取消预制构件使用的文件与规定，这些都极大地限制了预制装配式建筑的发展。

2000 年之后，随着可持续发展理念的深化，国家开始推行低碳经济。针对建筑业现存高耗能、高污染、低效率的现状，建筑工业化与装配式建筑重新成为建筑领域的发展热点，与传统的现浇建筑体系相比，装配式建筑因所有构件均为工厂制作建造速度快、精度和质量好，能最大限度地满足节能、节地、节水、节材和保护环境的绿色建筑设计和施工要求。住房和城乡建设部 2010 年度的《中国建筑业改革与发展报告》中，强调转变发展方式与提高发展质量，在构建低碳竞争优势这部分内容中，着重提出"装配式建筑安全耐久、施工快捷、低碳环保，是国家大力提倡的绿色环保节能建筑"。住房和城乡建设部《2011—2015年建筑业、勘察设计咨询业技术发展纲要》中提出"推进结构预制装配化、建筑配件整体安装化，减少现场湿作业，逐步提高住宅产业化、建筑工业化比重……"。

自2016年9月国务院办公厅发布《关于大力发展装配式建筑的指导意见》以来，截至2017年3月，全国已有30多个省市区推出装配式建筑的相关政策。政策指出，要求"十三五"期间（2016～2020）装配式建筑占新建建筑的比例30%以上；新开工全装修成品住宅面积比率30%以上。"十四五"期间（2021～2025）装配式建筑占新建建筑比例要达到50%以上；全面普及成品住宅，新开工全装修成品住宅面积比率50%以上。

随着中央和各级地方政府相继出台各项利好政策，装配式建筑行业迎来了黄金发展期。

2017年3月，住房和城乡建设部印发《"十三五"装配式建筑行动方案》上确定工作目标，要求到2020年，全国装配式建筑占新建建筑的比例达到15%以上，其中重点推进地区达到20%以上，积极推进地区达到15%以上，鼓励推进地区达到10%以上。

鼓励各地制定更高的发展目标。建立健全装配式建筑政策体系、规划体系、标准体系、技术体系、产品体系和监管体系，形成一批装配式建筑设计、施工、部品部件规模化生产企业和工程总承包企业，形成装配式建筑专业化队伍，全面提升装配式建筑质量、效益和品质，实现装配式建筑全面发展。

到2020年，培育50个以上装配式建筑示范城市、200个以上装配式建筑产业基地、500个以上装配式建筑示范工程，建设30个以上装配式建筑科技创新基地，充分发挥示范引领和带动作用。

1.1.2 装配式建筑在世界各国的应用

发达国家的装配式建筑经过几十年甚至上百年的时间，已经发展到了相对成熟、完善的阶段。日本、美国、澳大利亚、法国、瑞典、丹麦是最具典型性的国家。但各国按照各自的特点，选择了不同的道路和方式，见表1-1。

全球装配式建筑主要成就   表1-1

国家	主要发展成就
日本	率先在工厂中批量生产住宅的国家
美国	注重住宅的舒适性、多样性、个性化
法国	世界上推行工业化建筑最早的国家之一
瑞典	世界上住宅装配化应用最广泛的国家，其中80%的住宅采用以通用部件为基础的住宅通用体系
丹麦	发展住宅通用体系化的方向是"产品目录设计"，它是世界上第一个将模数法制化的国家

从全球装配式建筑发展阶段来看，欧美、日本、新加坡等国家和地区已经进入成熟阶段，中国目前处于快速发展阶段，而在一些经济发展较为落后的地区，装配式建筑产业发展尚未起步。可见，全球装配式建筑发展阶段受经济发展程度的影响较大。

发达国家的实践证明，利用工业化的生产手段是实现住宅建设低能耗、低污染，达到资源节约、提高品质和效率的根本途径。如图1-1所示。

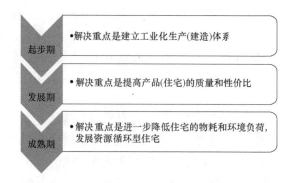

图 1-1 发达国家和地区装配式建筑发展的历程

1. 美国

美国装配式住宅盛行于 20 世纪 70 年代。1976 年，美国国会通过了《国家工业化住宅建造及安全法案》，同年出台一系列严格的行业规范标准，一直沿用至今。除注重质量，现在的装配式住宅更加注重美观、舒适性及个性化。

据美国工业化住宅协会统计，2001 年，美国的装配式住宅已经达到了 1000 万套，占美国住宅总量的 7％。在美国、加拿大，大城市住宅的结构类型以混凝土装配式和钢结构装配式住宅为主，在小城镇多以轻钢结构、木结构住宅体系为主。

美国住宅用构件和部品的标准化、系列化、专业化、商品化、社会化程度很高，几乎达到 100％。用户可通过产品目录，买到所需的产品。这些构件结构性能好，有很大通用性，也易于机械化生产。

美国装配式建筑的特点有：建材产品和部品部件种类齐全；构件通用化水平高、商品化供应；BL 质量认证制度；部品部件品质保证年限。

2. 德国

德国的装配式住宅主要采取叠合板、混凝土、剪力墙结构体系，采用构件装配式与混凝土结构，耐久性较好。德国是世界上建筑能耗降低幅度最快的国家，近几年更是提出发展零能耗的被动式建筑。从大幅度的节能到被动式建筑，德国都采取了装配式住宅来实施，装配式住宅与节能标准相互之间充分融合。

二战后多层板式装配式住宅发展迅速，在 20 世纪 70 年代民主德国工业化水平达到90％。新建别墅等建筑基本为全装配式钢（-木）结构。强大的预制装配式建筑产业链，高校、研究机构和企业研发提供技术支持。施工企业与机械设备供应商合作密切。机械设备、材料和物流先进，摆脱了固定模数尺寸限制。

3. 日本

日本于 1968 年就提出了装配式住宅的概念。1990 年推出采用部件化、工业化生产方式、高生产效率、住宅内部结构可变、适应居民多种不同需求的中高层住宅生产体系。在推进规模化和产业化结构调整进程中，住宅产业经历了从标准化、多样化、工业化到集约化、信息化的不断演变和完善过程。

日本每五年都颁布住宅建设五年计划，每一个五年计划都有明确的促进住宅产业发展和性能品质提高方面的政策和措施。政府强有力的干预和支持对住宅产业的发展起到了重要作用：通过立法来确保预制混凝土结构的质量；坚持技术创新，制定了一系列住宅建设工业化的方针、政策，建立统一的模数标准，解决了标准化、大批量生产和住宅多样化之间的矛盾。

日本装配式建筑的特点有：木结构占比超过 40％；多高层集合住宅主要为钢筋混凝土框架（PCA 技术）；工厂化水平高，集成装修、保温门窗等；立法来保证混凝土构件的质量；装配式混凝土减震隔震技术好等。

4. 法国

法国是世界上推行装配式建筑最早的国家之一，法国装配式建筑的特点是以预制装配式混凝土结构为主，钢结构、木结构为辅。法国的装配式住宅多采用框架或者板柱体系，焊接、螺栓连接等干法作业，结构构件与设备、装修工程分开，减少预埋，生产和施工质量高。法国主要采用的预应力混凝土装配框架结构体系，装配率可达 80％。

5. 北欧国家

丹麦在 1960 年制定了工业化的统一标准（丹麦开放系统办法），规定凡是政府投资的住宅建设项目必须按照此办法进行设计和施工，将建造发展到制造产业化。受法国影响，以混凝土结构为主。强制要求设计模数化。预制构件产业发达。结构、门窗、厨卫等构件标准化。

瑞典采用了大型混凝土预制板的装配式技术体系，装配式建筑部品部件的标准化已逐步纳入瑞典的工业标准。为推动装配式建筑产品建筑工业化通用体系和专用体系发展，政府鼓励只要使用按照国家标准协会的建筑标准制造的结构部件来建造建筑产品，就能获得政府资金支持。

1.1.3 装配式建筑在我国的应用

1. 中国香港和台湾地区

我国香港地区由于施工场地限制、环境保护要求严格，装配式建筑应用非常普遍。由香港屋宇署负责制订的预制建筑设计和施工规范很完善，高层住宅多采用叠合楼板、预制楼梯和预制外墙等方式建造，厂房类建筑一般采用装配式框架结构或钢结构建造。

我国台湾地区的装配式混凝土建筑应用也较为普遍，其技术受日本影响较大，预制建筑专业化施工管理水平较高，装配式建筑质量好、工期短，注重抗震性。目前，台湾地区已经形成了较为成熟的装配式建筑体系，即"预制装配式混凝土框架结构体系"。该体系主要是运用叠合楼板、预制柱、叠合梁等预制构配件，柱钢筋采用微膨胀砂浆套筒连接器连接，以现浇的方式进行节点连接。

2. 中国内地

我国内地对预制装配式建筑的应用始于 20 世纪 50 年代，一直到 80 年代，各种预制屋面梁、吊车梁、预制屋面板、预制空心楼板以及大板建筑等才得到了很多应用。总体来说，我国预制装配式建筑的技术比较落后，建筑工业化整体水平很低，且存在着构件跨度小、承载能力低、整体性不好，延性较差等弊端。进入 20 世纪 90 年代后，由于预制装配式建筑自身在设计水平、构件制作的精细程度和装配技术落后等原因以及当时现浇混凝土技术的迅速发展，预制装配式建筑的应用特别是在民用建筑中的应用处于低潮。

20 世纪 90 年代末，伴随我国经济体制改革不断深化，住房供给制度也由国家调控的分配制度逐渐变为商品化住宅制度，住宅工业化进程从国家主导逐渐变为国家与企业共鸣的格局，极大地加快了我国住宅工业化的发展速度。

1999年，国家正式提出住宅工业化需要从粗放型向集约型转移，并于2002年建立了住宅产业化基地，开展大量关于结构模式、墙体改革、构件部品化等领域的研究实践。

此后，以工业化建造方式生产住宅的量逐渐增加，"十三五"规划中提到要将这一比例增加至30％。增加集成度、节能环保、可持续生命周期是这一时期工业化住宅的主要研究方向，并且工业化住宅建造思想逐渐延伸至住宅装修领域，全装修成品住宅的提倡以及预制装配式装修概念的发展，正逐渐改变住宅市场。

1.1.4　装配式建筑的发展趋势

据统计，截至目前政府主导的住宅产业现代化试点城市仅有3个，园区2个，分别为深圳、沈阳、济南、合肥经济技术开发区和大连花园口经济开发区。但是，近年来已经有17个城市有初步意向申报住宅产业化综合试点，包括北京、上海、青岛、厦门等东部热点城市。全国各地装配式混凝土企业布局目前还很不均衡，以北京、上海、江苏、沈阳、广东等地为主，主要预制企业多集中在东部地区，中西部地区的建筑装配式混凝土厂家几乎是空白。目前行业规模较大的企业有万科、沈阳卫德住工科技、宇辉、中建国际等。

目前，国外装配式建筑的技术发展趋势是从闭锁体系向开放体系转变，原来的闭锁体系强调标准设计、快速施工，但结构性方面非常有限，也没有推广模数化；从湿体系向干体系转变，装配模块运到工地，但是接口必须要现浇混凝土，推行湿体系的典型国家是法国，瑞典推行的是干体系，干体系就是螺丝螺帽的结合，其缺点是抗震性能较差，没有湿体系好；从只强调结构的装配式，向结构装配式和内装系统化、集成化发展；信息化的应用越来越广泛和深入，结构设计是多模式的，有填充式、结构式、模块式三种，目前模块式发展相对比较快。

随着各方面理论时间的发展和不断成熟，装配式建筑技术也势必会得到不断地完善，以适应新的情况，可能发生的情况包括：

1. 向长寿命居住和绿色住宅产业化方向发展

人类对于可持续发展的追求，促使人们探索从节能、节水、节材、节地和环保等方面综合统筹建造更"绿色"的建筑，而"长寿命居住"是最大的"绿色建筑"。对我国而言，"绿色建筑工业化"是可持续发展的要求，也是转变增长方式的要求。

2. 从闭锁体系向开放体系发展

西方国家预制混凝土结构的发展，大致上可以分为两个阶段：自1950年至1970年是第一阶段，1970年至今是第二阶段。

第一阶段的施工方法被称为闭锁体系（close system），其生产重点为标准化构件，并配合标准设计、快速施工，缺点是结构形式有限、设计缺乏灵活性；第二阶段的施工方法被称为开放体系（open system），致力于发展标准化的功能块、设计上统一模数，这样易于统一而又富于变化，方便了生产和施工，也给设计更大自由。

3. 从湿体系向干体系发展

现在广泛采用现浇和预制装配相结合的体系，湿体系（wet system）又称法国式，其标准较低，所需劳动力较多，接头部分大都采用现浇混凝土，但防渗性能好；干体系（dry system）又称瑞典式，其标准较高，接头部分大都不用现浇混凝土，防渗性能较差。

4. 从只强调结构预制向结构预制和内装系统化集成的方向发展

建筑产业化既是主体结构的产业化也是内装修部品的产业化，两者相辅相成、互为依托，片面强调其中任何一个方面均是错误的。

5. 更加强调信息化的管理

通过 BIM 信息化技术搭建住宅产业化的咨询、规划、设计、建造和管理各个环节中的信息交换平台，实现全产业链的信息平台支持，以"信息化"促进"产业化"，是实现住宅全生命周期和质量责任可追溯管理的重要手段。

6. 更加与保障性基本住房需求建设结合

欧洲和日本的集合住宅、新加坡的租屋和我国香港地区的公屋均是装配式技术的主要实践对象。

1.2 装配式建筑的特点与优劣势

1.2.1 装配式建筑的特点

在我国，现阶段我们所研究的装配式建筑指的是由钢筋混凝土预制构件装配而成，在现场进行浇筑养护成型的建筑。其特点是：

1. 建设周期短

装配式建筑，其主要构件是由工厂预制完成的，在施工现场施工方只需要采用机械设备将其组装，大大减少了原始的现浇作业。组装施工与其他专业施工同时开展，进而可以不受传统施工过程中的混凝土现浇、养护等工序的影响。同时也不受雨雪等不良天气的影响，尽量保证了工期。

2. 耐火性好

低导热性是装配式建筑构配件的一个重要特点，它使得装配式建筑的墙体保温要求得以满足。同时，热能得以节约，增加居住者的生活舒适度。低导热性直接体现为建筑耐火性好、安全性更高。

3. 质量轻

在相同条件下，装配式建筑的质量仅仅为相同体积混凝土建筑重量的 50% 左右，甚至更轻。这便减少了建筑的基础荷载，降低了对地基承载力的要求，节约了建筑基础建设的投资，缩减了运输量以及运费，降低了建筑工人的劳动强度，加快了施工速度，进而最终节约了建筑成本。

4. 施工精确

和传统建筑相比，建筑构配件在工厂预制完成运输到施工现场后，施工者根据建筑的结构设计现场进行组装。由于工业生产过程更加精确，构配件的精度是以毫米为单位，以厘米为精度单位的大规模湿作业量大大减少。所以，装配式建筑的施工精度更高、更加安全环保。

5. 绿色环保

装配式建筑可以采用建筑、装修一体化设计、施工，理想状态是装修可随主体施工同步进行。这就减少了二次施工带来的资源和材料浪费。同时，传统建筑在使用过程中不论内外均更易受到破坏和损耗，包括涂料、装饰、结构面墙等。而装配式建筑可以有效地避免这个问题，因为组成装配式建筑的构配件是用定型模板制作的，通常采用一次成型工艺，保证了房屋质量，同时降低了后期维护的成本和资金耗损，符合绿色建筑的要求。

6. 标准化信息化

装配式建筑在设计过程中，要求构配件的制作标准化、模数化，从而满足其高精度的要求，提高了生产效率。在施工管理的过程中，信息化、数字化管理，可以有效升级建筑产业，使其向更专业更好的方向发展。

1.2.2 装配式建筑的优势

相较于传统建筑，装配式建筑具有以下特点：（1）设计多样化，设计师可以根据住房要求进行设计；（2）功能现代化，可以采用多种节能环保等新型材料；（3）制造工厂化，可以使得建筑构配件统一工厂化生产；（4）施工装配化，可以大大减少劳动力，减少材料浪费；（5）时间最优化，使施工周期明显加快。具体体现在以下几个方面：

1. 设计方面

目前，住宅设计和住房要求严重脱节，承重墙多、开间小、分隔死板、房间的空间无法灵活分割。而装配式房屋则采用大开间，用户根据需要可灵活地利用组合式墙体分割成"随心所欲"的空间环境。住宅采用灵活大开间，其核心问题之一是要具备配套的轻质隔墙，这不但满足了用户的个性要求，同时还可缩短工期、降低成本、改善建筑功能，为人类提供安全、舒适、方便的生活与工作环境。

2. 功能方面

随着科学技术不断提升，人们生活质量不断改善，住房现代化的概念不再仅仅停留在有水、有电、有良好通风了。现代化预制建筑大多具备以下特点：

（1）节能：传统的建筑能源利用率很低。装配式建筑的地面、屋顶、墙体、门窗框架等都采用各种新型保温、隔热材料，房屋采用新型的供热、制冷技术，如太阳能的储存和利用。

（2）隔声：工厂化的建筑构件精确度高，可以提高墙体和门窗的密封功能。采用高质量的吸声环保材料，使室内有一个安静的环境，避免外来噪声的干扰。

（3）抗震：大量使用轻质材料，降低了结构的自重。采用框架式框剪体系，增强了装配式的柔性连接，提高了抗震能力。

（4）外观：不求奢华，但外观应清晰而有特色。长期使用不开裂，不变形，不褪色。

（5）为厨房、卫生间配备各种卫生设施提供更方便有利的条件。

（6）智能化：新的施工方法可应用住宅信息传输及接收技术，住宅安全防火系统，设备自动控制系统及智能化控制和综合布线系统。

3. 生产方面

智能化的住宅应该无论是墙体结构材料，还是内部装饰材料都选用绿色的优质材料，而工厂化的生产正是住宅现代化的最优生产方式。如传统的建筑物要使其美丽的外表面涂料久不褪色是十分困难的。但工厂化生产的建筑外墙板不但质轻、高强，而且在工厂经过模具、机构化喷涂、烘烤等工艺就可保证建筑物美丽色彩的持久性。

工厂化生产还可使散装保温材料完全被板、毡状材料替代；屋架、轻钢龙骨、各种金属吊挂及连接件的生产尺寸精确、便于组装；工厂制造的最大优点是既保证了各种材料构件的个性，又考虑了房屋各种材料间的相互关系。特别是很好的控制了材料的性能，如强度、耐火性、抗冻性、防水性、隔声保温等，从而确保构件的质量。把房屋看成是一个大设备，现代化的建筑材料是这台设备的零部件，这些零件经过严格的工厂生产，组装出来的房屋才能达到功能要求和满足用户的各种需要。相比之下，采用水泥、砖瓦、砂石、钢筋、木材等材料，用人工砌筑，现场堆积建造的房屋，就相形见绌了。

4. 施工方面

预制建筑最大的特点是大幅度缩短了现场施工的时间，且对工期有更高的可预测性。预制建筑的项目能够节省时间源自工厂制造和现场施工可以同时进行。在建筑工程中很少使用预制基础，因此现场在建造基础的同时，工厂可以加工生产结构、构造构件以及服务系统和室内集成模块。传统的现场施工方法是一个线性过程，各阶段分包商需要等前面的工作已完成后再进行各自的部分，而在工厂生产，整个项目的过程可以允许同时由多个分包商团队进行不同的工作。此外，多个制造商可以分别制造组件，完成后汇集到现场进行安装。这对工期压力大的项目来说是很有意义的一个因素。

通过预制能够提高一个项目在施工过程中的安全性。在预制建筑项目中，大部分工人的工作地点从现场转移到工厂内，降低了工人发生意外事故的概率，减少了开发商和承包商的损失、节约了时间。工人在施工现场工作的危险系数高，是因为现场条件总在不断变化，高空作业以及人数太多造成的人员混杂、操作空间小。然而在工厂预制建筑构件后再到现场安装，可以减少施工现场的人数和工作量，有效地避免了这些不利影响，提供一个安全、高效的工作环境。

5. 质量方面

由于我国建筑业迅速发展，大批农民工进入建筑行业从事施工生产，他们受到的培训往往得不到保证，因此建筑工人素质参差不齐，导致在传统的现场施工方式中，安全和质量事故时有发生。而预制装配式建筑中，可以将这些人为因素的影响降到最低。大量的预制构件都是在预制工厂生产，而构件预制工厂车间中的温度、湿度、专业工人的操作熟练操作程度包括模板、工具的质量都优于现场施工方式，使构件质量更容易得到保证，现场结构的安装连接则遵循固定的流程，采用专业的工作安装队更能有效保证工程质量的稳定性。

6. 成本方面

采用装配式建筑施工较常规施工可以缩短工期 1/3 以上，降低管理成本、加快资金周转、提高资金使用效率；大幅度减少现场施工中的模板、钢筋、混凝土工程量及浪费；随着质量的提高，使用过程中的维修成本也大幅度减少。

7. 劳动力方面

我国逐步步入老龄化，劳动力今后将成为稀缺资源，劳动力成本逐年增加，影响到建筑业企业的生存，制约行业的发展。装配式建筑施工采取工厂化生产、流水线作业，运到现场预制拼装，不需要传统建筑业那样需要大量的劳动力，可以应对即将到来的劳动力稀缺的窘境，确保国民经济的正常发展。

8. 能源方面

在工厂内完成的大部分预制构件生产，可以降低了现场作业量，使得生产过程中的建筑垃圾大量减少，生产用水和模板可以做到循环利用，能大量减少施工现场的湿作业，降低资源和能源消耗，由于湿作业产生的如废水污水、建筑噪声、粉尘污染等也会随之大幅度地降低。在建筑材料的运输、装卸以及堆放等过程中，选用装配式建筑的房屋，可以大量地减少扬尘污染。在现场预制构件不仅可以去掉泵送混凝土的环节，有效减少固定泵产生的噪声污染，而且装配式施工高效的施工速度、夜间施工时间的缩短可以有效减少光污染。根据第三方评估显示，采用装配式建筑在结构建造阶段节能 20%、节水 63%、节材81%、减少建筑垃圾 91%、节约砂浆和粘结材料 83%。

1.2.3 装配式建筑的不足

1. 前期一次性成本高

在大规模工业化的基础上，工业化生产能够极大程度地提升劳动效率，同时节约经济成本。就目前我国工业化程度不高的现状来看，装配式建筑建造前期的一次性投入普遍较传统建筑高。第一，在工业化研究之前，需要投入大量的资金来进行研究开发、流水线建设等项目，必须确保资金的充足；第二，按制造业纳税的情况来看，在我国，建筑工业化产品的增值税税率是很高的，高达 17%，这与建筑企业按工程造价 3% 的纳税相比，相去甚远；第三，对未来收益存在不确定性。综上所述，即便是从长远的发展来看，绝大多数的开发商认为对工业化的投入性价比偏低。

2. 技术水平要求高且高度注重专业协作

装配式建筑适用于精细化的生产方式，工厂化的生产方式和机械化的施工建造，必须确保构件的精确性，同时建筑从头脑中的三维到图纸中的二维再到建筑实体中的三维的转换离不开现代信息技术的支持。然而，我国现在的构件生产工艺落后，管理及安装技术、检测手段不能满足要求，另外，我国建筑业的信息化水平较低，国际的 IFC 标准并不符合我国的建设标准，通用的标准体系尚未构建；各部门缺乏专业协作，各专业间的信息不能流通，容易形成信息孤岛。

3. 需制定相关标准与构造图集

现在建筑结构形式多种多样，千篇一律的建筑形式已经不能满足人们对于建筑设计的需求，但我国目前装配式建筑构件生产能力低下、产品类型单一、设备工艺落后，构件标准不能满足大规模生产，现在主要用于商品房、经济性住房以及保障性住房建设。虽然很多省份已经出台了一系列的地方性标准体系及技术规程，然而大部分的技术规程多数只适用于特定的施工工法和结构，通用性不好，所以制定通用性较强的相关标准势在必行。

4. 社会认可程度有待提升

装配式建筑相比传统现浇建筑高额的税负落差和一系列其他相关因素，加大了企业的一次性投入成本，使得建筑部品企业的生产积极性极大地降低。同时在开发商心目中对装配式建筑的认可度比较低，不愿意开发装配式住宅，即便个别开发商愿意开发装配式住宅，消费者也会因为普及率不高，对装配式建筑的概念和优势含糊不清，大多对其采取保守态度、不愿意购入。研究发现，装配式建筑的各个相关因素是相互制约的关系，工业化程度低会影响装配式建筑的一次性投入成本，一次性投入成本又会制约装配式建筑的公众认可度。

1.3 装配式建筑的分类

1. 类型构件

预应力空心板、预制式大型屋面板、加气混凝土板、预制薄板上现浇混凝土叠合板、外墙轻混凝土板、外墙复合板、预制柱、预制梁、预制梁上现浇混凝土叠合梁。

2. 结构类型

砖墙砌体预制楼板、预制梁；柱、墙、梁、板全预制；现浇混凝土内剪力墙预制楼板、外墙；现浇混凝土内剪力墙、预制外墙、预制薄板上浇混凝土叠合楼板；全装配住宅；盒子结构；预制升板。

根据材料的不同也可以划分为四种结构体系：木结构体系、轻钢结构体系、混凝土结构体系、砌体结构体系。此外根据装配化程度的不同还有盒子结构体系和升板结构体系。

1.3.1 木结构体系

木结构体系是一种工程结构，它以木材为主要受力体系。在中国古代，占据着统治地位的一直是木结构。而随着历史的发展，现在我们所说的木结构与古代的有所不同。由于木材本身具有抗震、隔热保温、节能、隔声、舒适等优点，加之经济性和材料的随处可取，在国外特别是美国，木结构是一种常见并被广泛采用的建筑形式。但是由于我国人口众多，房地产业需求量大，森林资源和木材贮备稀缺，木结构并不适合我国的建筑发展需要。较之美国把木结构住宅作为普通低层住宅不同，中国现有的木结构低密度住宅是一种高端产品，即大多为低密度高档次的独立住宅即木结构别墅区，主要是为了迎合一定层面的消费者对木材这种传统天然建材的偏爱。木结构体系分类见表1-2。

木结构体系分类 表1-2

结构体系类型	具体说明
轻型木结构体系	是指用规格材及木基结构板材或石膏板制作的木构架墙体、楼板和屋盖系统构成的单层或多层建筑结构体系
胶合木结构体系	是指承载构件主要采用层板胶合木制作的单层或多层建筑结构体系
原木结构体系	是指采用规格及形状统一的矩形和圆形原木或胶合木构件叠合制作，集承重体系与围护结构于一体的一种木结构体系
木结构组合体系	是指由木结构或其构、部件和其他材料如钢、钢筋混凝土或砌体等不燃构或构件共同形成共同受力的结构体系

木结构建筑是一种以木材为主要承重构件的建筑。我国对于木结构的应用可追溯到3500年前左右，木建筑的产生、演变贯穿了整个中国古建筑的发展过程，是中国古建筑与欧洲古代建筑最主要的区别。木结构最主要的特点是采用榫卯连接，这种结构体系成熟于唐代，在明清得到进一步的发展，并形成统一的标准，始建于辽代的山西应县木塔是我国现存最古老的最高的木构塔式建筑，故宫太和殿是我国现存体型最为宏大的木结构建筑，是我国木结构建筑的最高成就，如图1-2所示。

到20世纪80年代，由于经济的发展，对森林大肆砍伐，森林资源急剧下降。同时，工业化生产带来的钢铁、水泥也迅速挤占木材的市场，混凝土结构、砌体结构、砖混结构的发展使得在中国发展了几千年的木结构体系逐渐瓦解。

我国有着丰富的木结构应用的历史和经验，由于近些年工业化和城镇化进程对于混凝土建筑的需求量大增，加之木材的短缺，最主要的是缺少专业人才对于木结构建筑的推广和研究，木结构建筑在当代的发展几乎停止。进入新的时代，我们对于木结构的认识不应该停留在破坏森林资源、成本高、易燃、易腐的传统理解上，现代化的加工工艺已经逐步克服了这些缺点，走向工业化生产的发展过程，并且国际上可持续森林管理实践已相当成

(a)   (b)

图1-2 木结构建筑
(a) 应县木塔；(b) 故宫太和殿

熟，我国也要进一步提高木结构利用率。

现代木结构建筑是在建筑全生命周期内，最大限度地节约资源、保护环境和减少污染，为人们提供健康、舒适和高效的使用空间，与自然和谐共生的建筑。

1.3.2　轻钢结构体系

20世纪70年代，基于我国经济建设的需求，提出"以钢代木"、"以塑代木"的方针，新型的混凝土结构、轻钢结构逐渐代替传统的木结构作为主要的结构体系。轻钢结构体系的主体是采用类似于木龙片的压型材料，其中轻型钢材是用0.5～1mm的薄钢板镀锌制作而成，这个结构类似于木结构中的"龙骨"，这也是为什么美国普遍把轻钢结构体系作为木结构体系的代替品的原因。如图1-3所示。

图1-3 轻钢结构

轻钢结构具有很多其他材料所不具有的优点：(1) 轻自重高强度，可以在扩大建筑物空间的同时灵活进行功能分割；(2) 施工速度快，可以在较短的时间内完成施工，同时抗气候的干扰能力较大；(3) 便于回收，轻钢结构在拆卸后可以进行回收利用，再利用率依然较高；(4) 高延展性，由于钢材本身具有较高的延展性，因此完整的轻钢结构建筑具有良好的抗震性能。

轻钢结构不可避免的也存在着自身的缺点：（1）钢材本身具有较小的热阻导致轻钢结构建筑具有较差的防火性能；（2）虽然钢材的延展性优于其他材料，但也导致抗剪的刚度不够。

1.3.3 混凝土结构体系

钢结构和混凝土结构是我国建筑工业化结构体系选择的两种主要形式，两种结构体系都需要在工厂进行构件的预制化生产，经过运输到工地现场，通过机械化的装配，形成建筑整体。两种结构体系也都能达到高层建筑的要求，但由于混凝土的用钢量和经济性能方面均优于钢结构，因此在我国混凝土结构还是主要的结构类型。

装配式建筑结构体系按通用性不同可以分为两大类：通用性结构体系和专用性结构体系。通用性结构体系类似于现浇结构，专用性结构体系则是通用结构体系根据建筑功能和性能的不同发展而来的。根据结构方式不同可以分为三大类：框架结构体系、剪力墙结构体系和框架-剪力墙结构体系，如图1-4所示。

图 1-4 装配式混凝土结构体系

下文是根据我国各时期需要发展而来的几种典型混凝土建筑结构体系：

1. 大板结构体系

在 20 世纪的 70 年代，我国主要采用的是装配式大板住宅体系的预制装配式混凝土结构，这种结构主要包括大型屋面板、楼梯、槽形板构件，这种结构形式自身存在着很多不足之处：（1）构件从设计到生产，以及运输和安装在当时的生产力条件下都存在着很多难以克服的困难；（2）由于建筑设计以及结构力学计算研究的不足，建筑整体的抗震性能和建筑声光热等方面都存在很大问题；（3）施工技术的落后导致装配隔声性能差、外观形式单一以及渗漏问题层出不穷。另外，由于运输方式和经营成本对于大板结构的发展造成一定的影响，因此大板结构很快被历史所遗弃。

大板建筑是目前住宅建筑工业化的主要发展方向，也是各国当前推广应用最多的一种方法。苏联在整个住宅建筑中，大板住宅占了 60% 左右，多采用框架体系和非框架体系，用大板已建造了 27 层的大楼；法国的大板建筑已有 30 多年的历史，技术上比较成熟，法国采用大板建造高层建筑相当普遍，在非地震区建造 25 层的建筑，在地震区建造 10～12 层的建筑；加拿大已建有 26 层的大板建筑，在欧洲 25 层以下的住宅建筑已广泛地采用大板建筑。为了适应高层建筑，有的国家采用了预应力钢筋混凝土作骨架，然后再挂有夹泡沫塑料的镀锌薄钢板或铝板的预制墙板，以作围护结构。这样无论从热工性能，或从外观效果来说都很理想，而且载荷极轻。

板式体系是由若干框架式排架结构单元组成，与常用的梁、板、柱结构相比，具有很多优点，如空间整体刚度大、抗震性能好、构件类型少，标准化定型高、施工简便、工期短、材料消耗少、经济效果比较明显等多种优点。此外，它的适应性强，适应于多种类型的建筑。板式建筑除了上述的大板以外，还有多种形式的小板，如槽形板、T形板以及条形板。因其生产过程都比较简便，工艺不复杂，故深受建筑界的欢迎。

2. 预制装配式框架结构体系

预制装配式框架结构体系与预制装配式框架-剪力墙结构体系具有类似的受力性能，区别在于，框架结构体系仅仅是用框架柱来承受横向的剪力，但功能空间较为灵活，较大空间可任意分割成需要的小空间；框架-剪力墙结构是用框架和剪力墙共同承受横向剪力，抗震性能明显提高，但由于加入了剪力墙的使用，功能空间会受到一定的影响。相同之处在于框架柱与框架梁都是以现浇结构的受力性能进行设计，再根据力学计算对构件节点和拼缝进行浇筑施工。

装配式混凝土框架结构根据梁柱节点连接方式的不同可以分为等同现浇结构和不等同现浇结构，等同现浇结构和现浇结构一样，属于刚性连接；不等同现浇结构由于整体性能和设计方法的具有不确定性，需要考虑节点的性能，属于柔性连接。

3. 预制装配式剪力墙体系

剪力墙体系由于竖向承重构件全部为剪力墙，在横向抗剪力性能大大提高，因此我国的装配式建筑主要使用的就是预制装配式剪力墙体系。根据工艺的不同又可以分为部分或全预制剪力墙结构、多层剪力墙结构、叠合板式混凝土剪力墙结构。

(1) 部分或全预制剪力墙结构

部分或全预制剪力墙结构主要指内墙采用现浇、外墙采用预制的形式。预制构建之前的接连方式采用现场现浇的方式。由于内墙现浇致使结构性能与现浇结构差异不大，因此适用范围较广，适用高度也较高。部分或全预制剪力墙结构是目前采用较多的一种结构体系。

全预制剪力墙结构的剪力墙全由预制构件拼装而成，预制墙体之间的连接方式采取湿式连接。其结构性能小于或等于现浇结构。该结构体系具有较高的预制化率，但同时也存在某些缺点，比如具有较大的施工难度、具有较复杂的拼缝连接构造。到目前为止，不论是全预制剪力墙结构的研究方面还是工程实践方面都有所欠缺，还有待学者的进一步深入研究。

(2) 多层装配式剪力墙结构

借鉴日本与我国20世纪的实践，同时考虑到我国城镇化与新农村建设的发展，顺应各方需求可以适当地降低房屋的结构性能，开发一种新型多层预制装配剪力墙结构体系。这种结构对于预制墙体之间的连接也可以适当降低标准，只进行部分钢筋的连接。具有速度快、施工简单的优点，可以在各地区大量的不超过6层的房屋中适用。但同时，作为一种新型的结构形式还需要进一步的深入研究与建造实践。

(3) 叠合板式混凝土剪力墙结构

叠合板有两种，一种是叠合式墙板，另一种是叠合式楼板。装配整体式剪力墙结构由叠合板辅以必要的现浇混凝土剪力墙、边缘构件、板以及梁等构件组成。叠合式墙板可采用两种形式，一种是单面叠合，另一种是双面叠合剪力墙。双面叠合剪力墙是一种竖向墙体构件，它由中间后浇混凝土层与内外叶预制墙板组成。在受力性能及设计方法上，叠合板式剪力墙不同于现浇结构,其适用高度不高,一般要求控制在 18 层以下。要是在更高的建筑中使用该结构的话还需要进一步的研究与论证。抗震设防烈度要求不大于 7 度。

(4) 预制装配式框架-剪力墙结构体系

对于框架的处理,装配式框架-剪力墙结构与装配式框架结构这两者基本是一样的,剪力墙部分可采用两种形式,一种是现浇,另一种是预制。如果布置形式是核心筒形式的剪力墙,则是装配式框架-核心筒结构。现阶段,在国内装配式框架-现浇剪力墙结构已经使用很广泛了,但是相比之下,装配式框架-剪力墙结构依然处在研究阶段,并没有投入实践。日本已经进行了很多类似研究和工程实践,他们有较为成熟的装配式建筑研究,尽管两者的体系略有不同,我国依然可以借鉴日本的经验。

1.3.4 盒子结构体系

盒子结构体系是与上述几种结构体系差别最大的体系,90%的工作都是在工厂中完成,工业化程度最高,如图 1-5 所示。这种结构体系不仅将楼板和墙体在工厂中连接,甚至连室内门窗、厨卫、家电也统统装配完成,形成一个箱形整体。这样不仅可以将混凝土消耗量降到最低,也可以将建筑整体质量减少。但是,这种结构体系也存在着自身的问题,由于较高的预制化程度,使得生产和运输成本急增,这就需要通过扩大预制工厂的规模来促进盒子结构体系的发展。盒子结构出现于 20 世纪 50 年代,它是把一个房间连同设备装修,按照定型模式,在工厂中依照盒子形式完全做好,然后在现场一次吊装完毕,因为它是属于一种立体预制构件,六面形体,恰似盒子状,所以称为盒子结构。这是一种新的工业化建筑体系,其工厂预制程度可达 70%~80%,有的高达 90%以上,一切水暖电设备均不需在现场安装,均可在工厂预制完毕,甚至一部分固定式家具也可一起预制,然后在现场吊装即可。其施工周期可以大大缩短,比大板建筑还要缩短 50%~70%。此方法在英国被称为"心脏单元"。

图 1-5　装配式盒子结构

目前,美、日、独联体国家以及北欧国家都在大力发展盒子结构。世界上已有 30 多个国家建筑了盒子构件房屋,盒子构件的使用范围也已由低层发展到多层和高层。现在 9~12 层的设有承重骨架的盒子结构已相当普遍,有的已达 15~20 层以上。

1. 盒子结构建筑按构造分

骨架结构盒子：通常用钢、铝、木材或钢筋混凝土来制造承重框架或刚架，然后再以围护材料作墙体，这种盒子体系属于轻型盒子（一般在 $150\sim400kg/m^2$）

薄壁盒子：通常用钢筋混凝土整体浇筑或用预制板拼装而成，薄壁盒子一般壁厚仅为 $3\sim7cm$，目前各国都把这种整浇成型的盒子视为是薄壁空间结构，这种盒子结构的应用最广。

2. 盒子结构建筑按其承重特性分

无承重骨架结构：多用于低层和多层，一般多由盒子本身来承重，不另设骨架。当前各国已建成的 12 层以下的盒子结构多属此类，其特点是全部由盒子构件叠置而成。根据叠置方法，又分为柱状叠置、品字形叠置和盒-板结构三种形式。

柱状叠置形式构造简单，应用较广，整幢房屋全靠盒子本身的自重及摩擦力保持稳定与平衡；品字形叠置形式，因按"品"字形布置，这样可以避免相邻面的重复，因而可以节省材料；至于盒-板结构，是盒子与大板相结合的形式，此方式比前两种灵活，可以根据不同功能需要，不同开间，自由灵活处理。例如，在一般情况下，则单纯采用盒子形式，如需要大开间时，就需采用大板结构，相互配合使用，十分灵活。

承重骨架盒子结构：采用这种方法的特点是，先建造一个空间承重骨架，然后再镶嵌围护墙板，从而形成盒子，其水平载荷和垂直载荷均由此独立的骨架来承担，适用于高层建筑。

3. 盒子结构建筑按大小分

单间盒子：以一个基本房间为单位，其长度即进深方向，一般为 $4\sim6m$，宽度即开间方向，一般为 $2.4\sim3.6m$，高度为一层，每个单间盒子自重约为 10t。

单元盒子：以一个居住单元为单位，其长度包括 2～3 个进深，一般为 $9\sim12m$，宽度为 1～2 个开间，一般为 $3\sim6m$，高度也是一层。

总之，盒子建筑是近几十年中在建筑科技的发展中出现的一种独特的建筑形式，也是当冷机械化、装配化程度最高的一种建筑形式，它比装配式大板建筑更为先进。据统计，盒子建筑每平方米用工仅为 10 人，比传统的常规建筑节约用工 2/3 以上。在用料上，每平方米仅用混凝土 $0.3m^3$，比传统常规建筑可节约水泥 22%，节约钢材 20% 左右。

此外，盒子建筑自重轻，与传统常规建筑相比，建筑自重可减轻 55%。鉴于盒子建筑的优点很多，所以各国都在大力从事研究并加以发展。

1.3.5 升板和升层建筑

板柱结构体系的一种，但施工方法则有所不同。这种建筑是在底层混凝土地面上重复浇筑各层楼板和屋面板，竖立预制钢筋混凝土柱子，以柱为导杆，用放在柱子上的油压千斤顶把楼板和屋面板提升到设计高度，加以固定。外墙可用砖墙、砌块墙、预制外墙板、轻质组合墙板或幕墙等；也可以在提升楼板时提升滑动模板、浇筑外墙。升板建筑施工时大量的操作在地面进行，减少高空作业和垂直运输，节约模板和脚手架，并可减少施工现场面积。升板建筑多采用无梁楼板或双向密肋楼板，楼板同柱子连接节点常采用后浇柱帽或采用承重销、剪力块等无柱帽节点。升板建筑一般柱距较大，楼板承载力也较强，多用作商场、仓库、工场和多层车库等，如图 1-6 所示。

升层建筑是在升板建筑每层的楼板还在地面时先安装好内外预制墙体，一起提升的建筑。升层建筑可以加快施工速度，比较适用于场地受限制的地方。

图 1-6　装配式升板和升层建筑

1.4　装配式建筑的各阶段

与传统建筑业生产方式相比，工业化生产在设计、施工、装修、验收、工程项目管理等各个方面都具有明显的优越性。

1.4.1　设计阶段

1. 预制装配式建筑设计特征

预制装配式建筑的兴起与发展，正在逐步改变和取代传统意义上的住房生产模式与建设方式。在预制装配式建筑的实际施工中受诸多因素的影响，如建筑施工的技术水平和管理水平、施工地的运输条件和生产工艺、建设的周期等。同时预制装配式建筑施工是一项复杂系统的工程，其实际施工过程中需要施工单位、生产部门、设计单位、建设管理部门等所有相关的建筑工程单位通力协作与全力配合。预制装配式建筑的设计工作与传统的现浇结构建筑的设计工作相比，主要有以下五个方面的特征：

（1）精细化的流程。更加全面化的预制装配式建筑施工流程，在建筑设计的过程中也更加精细化。与传统的建筑设计流程相比，预制装配式建筑设计流程中增设了预制构件加工图设计和前期技术策划两项设计工作。

（2）模数化的设计。预制装配式建筑设计中部品、构件、建筑之间的统一，通过建筑模数的控制实现，并使模数化协调发展为模块化组合，从而使其设计迈向标准化。

（3）一体化的配合。预制装配式建筑设计成果的优化，需充分配合各专业和构配件厂家，以实现施工组织工作与装修部品、设备管线、主体构件及预制构件协作的一体化。

（4）精确化的成本。构配件的生产加工直接以预制装配式建筑设计成果为依据，不同的预制构件拆分方案在相同的装配率条件下，投入的成本差异较大。建筑设计方案越合理，预制装配式建筑工程的成本控制就越精确。

（5）信息化的技术。预制构建设计的精确度与完成度的提升，可通过在建筑设计中利用 BIM（建筑信息模型）技术实现。BIM 技术是将建筑项目的功能信息、物理以及几何信息通过数字信息技术呈现，用以支持建筑工程全生命周期内的运营、建设、管理和决策。

2. 预制装配建筑设计流程及要点

（1）技术策划阶段。建筑设计流程中进行技术策划时，设计单位应对建筑项目的规模、建筑项目的定位、成本投入、生产目标以及外部施工环境进行充分的了解和考察，以保证技术路线制定的合理性以及预制构件的标准化程度。同时技术实施的具体方案，需由建筑单位和设计单位共同讨论决定，并以此技术方案为基础和依据，进行后续的设计工作。

（2）方案设计阶段。立面设计方案与平面设计方案需以前期的技术策划为设计依据。立面设计方案应对构件生产加工的可能性进行考虑，立面多样化与个性化设计需以装配式建造方式的特点为根据。平面设计方案需首先满足和保证建筑的使用功能，再依照"多组合、少规格"的预制构件设计原则，尽可能地实现系列化和标准化的住宅套型设计。

（3）初步设计阶段。在预制装配式建筑的初步设计阶段应强调协同设计，设计时应结合不同专业的技术要点进行全面、综合地考虑。建筑底部的现浇加强区的层数需符合相关规范条例。对预制构件种类进行优化，设备专业管线的预埋及预留需进行充分考虑。项目的经济性应进行专项的评估，对影响成本投入的因素进行分析，制定的技术措施需科学合理。

（4）施工图设计阶段。施工图的设计必须以上一设计阶段制定的技术措施为基础和依据。由生产企业提供的设施设备、内装部品、预制构件等设计参数，各专业须以此为根据，在施工图设计过程中充分考虑不同专业所要求的预埋预留方案。此外，建筑连接点处的隔声、防火、防水等设计事项需要建筑专业考虑和完成。

（5）构件加工图设计阶段。预制构件加工企业可与设计单位配合完成构件加工图纸的设计，若需要预制构件的尺寸控制图，可让建筑单位提供。除了预埋预留临时的固定设施安装孔、考虑现场安装和生产运输时的吊钩外，还应精确地定位预制构件中的机电管线、门窗洞口。

1.4.2 生产阶段

1. 预制构件钢筋绑扎、连接套筒定位

在钢筋绑扎区，根据预制 PC 构件图，按与连接套筒连接的钢筋直径、长度下料，在钢筋的一端车丝，拧入连接套筒，根据图纸要求进行钢筋的配料、加工，并绑扎成型，将绑扎好的钢筋笼吊至预制构件生产区，在与连接套筒固定的模具端板上覆盖发泡塑料，用螺钉将连接套筒固定在模具端板上，使其精确定位在模具端板上，再连接套筒安装灌浆塑料管等预埋件。

2. 模具组装与检查

生产建筑 PC 构件的模具一般由模数化、有较高精度的固定底模和根据施工要求设计的侧模板组成。这类模板在我国的建筑构件生产中具有较好的制作通用性、加工简易性和市场通用性。在生产前要用电动钢丝刷清理模具底板和侧板，按尺寸安放两侧板，模板组装时应先敲紧销钉，控制侧模定位精度，拧紧侧模与底模之间的连接螺栓。组装好的模板按图纸要求进行检查，模板组装就位时，要保证模板截面的尺寸、标高等符合要求。验收合格后方可转入下一道工序。

3. 涂刷脱模剂

将模具表面除锈并清理干净，在模板表面涂上防锈蚀的脱模剂，涂抹擦拭均匀，使得脱模剂的极性化学键与模具表面通过相互作用形成具有再生力的吸附型薄膜。

4. 预埋件安装、钢筋入模

将绑扎好的钢筋笼放在通用化的底模模板上，入模时应按图纸严格控制位置，放置端板，装入使钢筋精确定位的定位板，拧紧钢筋端部的紧定螺钉，以防钢筋变形，安装固定模具上部的连接板，埋件安装位置要准确、牢固。

5. 浇筑混凝土

运用混凝土输送设备在预支好的模板中进行混凝土浇筑，浇筑到适宜位置后，用振捣设备进行振捣密实，达到图纸尺寸的标准与精度。

6. 浇筑构件的养护

对浇筑的构件按标准进行静停、升温、恒温、降温四个阶段的低热养护。

1.4.3 运输阶段

1. 装配式建筑构件配送特性

建筑工业化下 PC 构件的供应过程从物流角度属于物流配送，且目前生产企业的自营配送是装配式 PC 构件的主要配送模式。其最终的目标是通过合理的配送车辆安排，以最低的企业物流配送成本，将 PC 构件从生产企业运送到需求工地。虽然关于传统的制造业、零售业、应急物流配送方面的研究已经很多。但是，装配式混凝土 PC 构件配送的特殊性，使得装配式 PC 构件的配送形式与一般制造业、零售业的物流配送形式不同，进而使得装配式预制构件厂的配送作业比一般建筑材料要复杂，主要表现为以下几点：

（1）各工地需求总量确定，按需配送。目前，装配式建筑中常用的混凝土预制构件类型主要有预制外墙、内墙、柱、梁、楼板、预制楼梯、飘窗、阳台板等，对于一个施工项目而言，各类装配式预制构件的总数目根据设计图纸可以计算得出，所以 PC 构件需求数量是确定的。根据各个施工工地的施工组织安排，按照项目需要，分批次多次供应。因此，PC 构件的物流配送都是按照施工工地的需求量与要求的时间范围内进行的。

（2）配送周期短且时间要求严格。相较于传统的现浇建造方式，装配式建筑的显著优点之一就是施工速度快，这使得装配式建筑施工过程中，对于各种装配式 PC 构件的需求速率大大提高，再加上施工单位为了减少自身对构件的库存压力要求构件厂及时配送，使得装配式混凝土预制构件的运送周期比一般的建筑材料要短得多。预制率较高的装配式建筑施工现场每天需要的构件数量达到上百件之多，因而，施工方对预制构件的配送时间要求也更严格。装配式混凝土预制构件如外墙板、内墙板、柱、梁等构件单件重量能达到 2～3.5t，受运载车辆载重的限制，所以一个需求施工工地单个配送周期内可能被多辆车配送，使得配送车次总数比制造业、零售业要频繁得多，这更是对预制构件的配送作业提出更高的要求。另外，装配式 PC 构件装车卸车花费的时间可能也比普通制造业、零售业商品货物长。使得传统物流配送车辆调度不适用于装配式混凝土预制构件企业。

（3）配送区域范围受限。由于装配式 PC 构件的运送是典型的大宗运输，具有单件预制构件重量大、运输次数频繁、预制构件种类多、运输车辆载重大的特点，由预制构件厂到施工工地需要一定的运输时间，所以运输车辆的启动与可变成本较高，加大了配送过程中出现因为车辆调度不合理引起的运载车辆早到等待卸货、以及晚到受到相关惩罚的风险，所以，预制构件厂到各个施工工地的距离一般比较近，大都是周边区域、相对较近距离的配送，这样更能保证在满足时间窗的时间约束下以最低的配送成本完成 PC 构件的运送。

（4）配送环节相对简单。根据目前的预制构件厂配送模式与基本配送流程，预制构件生产企业到各个需求施工工地的配送过程中包含的基本环节比较简单，不包含广义物流配送中备货、仓储、流通加工环节。主要由装卸货、运输环节两部分组成，装卸货又可以分为装卸货、预制构件简易保护环节；在运输环节中，为防止运输过程中装配式 PC 构件震动损坏，需要做一定的基础的保护与支撑措施，如图 1-7 所示。

图 1-7　预制构件运输

2. 装配式建筑构件配送流程

通过对现实的预制构件厂的配送业务的观察分析，总结预制构件的车辆配送大致分为四个主要的工作流程：

（1）配送车辆接到配送安排命令后在预制构件加工厂的构件仓库利用吊装设备进行装车作业。

（2）预制构件配送车辆按照预定的运送路线运送装配式 PC 构件前往预定的施工工地。

（3）预制构件配送车辆到达指派的施工工地后，在施工方相关负责接收人员的组织下进行预制构件的吊装卸车。

（4）预制构件配送车辆卸车完毕后返回预制构件加工厂。

这四个基本作业流程，形成配送车辆的主要行走路径。受交通情况、路程远近、载重与否、预制厂内是否有可供调度车辆、施工工地是否能及时接货的影响，四个工作流程所花费的时间是不同的。除了这四个基本过程之外，由于装配式建筑施工进度常受施工技术人员、吊装机械设备资源以及其他条件限制，预制构件生产企业受自身的吊装设备、运输工具等约束，极有可能会出现由于调度不合理或者施工方原因引起的配送车辆等待与施工方等待 PC 构件现象。因此，在进行配送车辆调度安排时，必须考虑构件厂内可供调配的车辆数目、施工方的开始工作时间、施工方的时间要求约束等因素。

1.4.4　施工阶段

1. 装配式建筑施工特点

装配式建筑的施工方法和施工工艺与传统建筑有较大差别，其特点总结如下：

（1）施工人员数量大大减少

装配式建筑构件生产地点为工厂，施工现场吊装机械化程度较高，人工作业较少，能够大量减少施工人员数量。人员数量的减少更便于管理，减少施工不安全因素，降低发生安全事故可能。

（2）建筑外立面工作量减少

装配式建筑一般使用 PC 混凝土预制外墙构件，无需进行砌体抹灰，工厂生产构件时已经完成涂刷、保温层、门窗安装等外立面工作，危险多发的建筑外立面的工作量和材料堆放量得以大量减少，施工安全更有保证，钢筋作业及混凝土作业量明显减少。

（3）垂直运输机械标准高需求大

预制构件单件质量大且预制构件数量多，选用的垂直运输机械性能要有保证，选择起重机的主要依据是构件的重量及安装高度，施工垂直运输机械的选用要兼顾费用支出。在施工过程中，要计算构件的安装强度计算，必要时对构件要采取加固措施。

（4）施工现场堆放构件量较大

工程所需预制构件量大件多，现场堆放地点需经过仔细认真规划，保证堆放的安全性，不影响正常施工材料的运输，堆放位置的调取便利性是正常装配施工的保证。

（5）施工中预制构件连接固定精度要求高

构件连接牢固程度不仅决定了建筑的质量也影响着施工安全，所以要保证构件连接的施工工艺，外墙构件临时支撑设备（即斜向支撑钢管、三角定位件）的质量及使用方法需有指导说明，施工过程中，每个连接处都要逐个细致的检查。

（6）施工工序复杂且难度大

装配式建筑施工主要有两种工序，一种是装配式构件随结构施工同步安装施工，另一种是先进行结构施工再安装混凝土构件。

装配式构件随结构施工同步安装施工首先吊装外墙构件再对现浇柱、梁进行施工，预制构件安装时的临时固定对技术有一定的要求，技术成熟才能对吊装误差有良好的控制。同一楼层施工完成，下一楼层的预制构件随后进行安装。先进行结构施工，再安装混凝土构件；先对部分梁柱进行施工，再安装预制外墙板及楼梯。

（7）安全防护措施更加严格

装配式建筑的外墙构件在工厂生产时已完成外饰面砖的铺设，所以外立面的装饰不需要传统操作的脚手架，采用非常规安全技术措施。采用先结构施工再安装构件的施工顺序，需要使用安全操作架解决柱梁先行施工的施工工序。

2. 装配式建筑施工工序（图 1-8）

将传统的混凝土工程拆分成若干个混凝土预制构件，充分利用钢结构安装及连接的方式，对预制完的混凝土构件进行拼装，按标准化设计，将拆分的柱子、梁、楼板、楼梯、阳台等构件在工厂内预制生产好，再将构件批量运至拟建的施工现场，利用塔式起重机等其他起重设备进行构件的拼装，形成房屋的建筑部分。

产业化生产将建筑物拆分的预制构件加工完毕后，运输至施工现场，结合钢结构安装知识，进行组装。如图 1-9～图 1-14 所示。

（1）预埋件及吊具安装

1）预埋件定位及安装

① 预埋件定位

根据楼层平面控制线，弹出预埋件相应的安装控制线，由控制线来定位预制外挂墙板预埋件。

```
┌─────────────┐
│  标准化设计   │
└─────────────┘
       │
┌─────────────┐
│ 构配件工厂化预制 │
└─────────────┘
       │
┌─────────────┐
│   吊装准备    │
└─────────────┘
       │
┌─────────────┐
│    柱吊装     │
└─────────────┘
       │
┌─────────────┐           ┌─────────────┐
│    梁吊装     │◄──────────│   临时支撑架   │
└─────────────┘           └─────────────┘
       │                         │
┌─────────────┐                  │
│    板吊装     │◄─────────────────┘
└─────────────┘
       │
┌─────────────┐
│ 楼梯、阳台吊装 │
└─────────────┘
       │
┌─────────────┐
│   外墙板吊装   │
└─────────────┘
       │
┌───────────────┐
│ 节点、叠合梁板面层现浇 │
└───────────────┘
       │
┌─────────────┐
│  进入上一层吊装 │
└─────────────┘
       │
┌─────────────┐
│     完工      │
└─────────────┘
```

图 1-8 装配式建筑施工工序

图 1-9 现场吊装

图 1-10 装配式柱安装

② 预埋件安装

在预制外挂墙板安装施工层梁钢筋绑扎完毕、利用下层已安装的预制外挂墙板上端预留带丝套筒，通过螺栓将预埋件和下层的预制外挂墙板连接，再通过焊接将预埋件和梁面筋焊接。

图 1-11　装配式梁安装

图 1-12　装配式板安装

图 1-13　装配式楼梯安装

图 1-14　装配式外墙安装

　　在混凝土浇筑之前，用海绵塞紧预制外挂墙板预埋件上的套筒孔，并用胶纸缠绕，避免浇筑混凝土时堵塞预埋件的套筒孔。

　　2）吊具安装

　　① 吊具安装流程

　　塔式起重机挂钩挂住两条 1 号钢丝绳→1 号钢丝绳通过拉环连接平衡钢梁→平衡钢梁通过拉环连接两条 2 号钢丝绳和安全绷带→2 号钢丝绳通过拉环连接预制外挂墙板吊具→预制外挂墙板吊具通过螺栓连接预制外挂墙板→安全绷带通过预制外挂墙板上预埋门窗孔洞环绕挂住预制外挂墙板。如图 1-15 所示。

　　② 紧固件安装

　　A 紧固件与预制外挂墙板吊具同步安装，利用预制外挂墙板的预埋带丝套筒，通过定位螺栓和抗剪螺栓将 A 紧固件和预制外挂墙板连接。

　　B 紧固件在安装施工层内安装，B 紧固件利用预埋在梁板上的预埋件的带丝套筒，通过螺栓将 B 紧固件和现浇梁板连接。

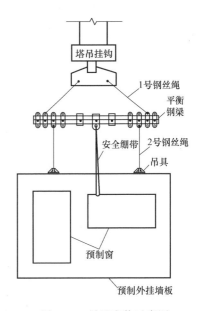

图 1-15　吊具安装示意图

C紧固件分别在起吊区和安装层安装，C紧固件通过两端的高强螺栓穿过预埋在结构板（预制外挂墙板）内的带丝套筒与楼板（预制外挂墙板）连接成为整体，通过调节斜撑来控制预制外挂墙板垂直度。

（2）预制外挂墙板的吊运及就位

1）预制外挂墙板的吊点预留方式分为预留吊环和预埋带丝套筒两种，预留吊环方式绳索与构件水平面所成夹角不宜小于45°，预留带丝套筒宜采用平衡钢梁均衡起吊。

2）预制外挂墙板的吊运宜采用慢起、快升、缓放的操作方式。预制外挂墙板起吊区配置一名信号工和两名司索工，预制外挂墙板起吊时，司索工将预制外挂墙板与存放架的安全固定装置拆除，塔式起重机司机在信号工指挥下，塔式起重机缓缓持力，将预制外挂墙板由倾斜状态到竖直状态，当预制外挂墙板吊离存放架，快速运至预制外挂墙板安装施工层。

3）预制外挂墙板就位

当预制外挂墙板吊运至安装位置时，根据楼面上的预制外挂墙板的定位线，将预制外挂墙板缓缓下降就位、预制外挂墙板就位时，以外墙边线为准，做到外墙面顺直、墙身垂直、缝隙一致、企口缝不得错位、防止挤严平腔。

（3）安装及校正

1）预制外挂墙板的安装

当预制外挂墙板就位至安装部位后，顶板吊装工人用挂钩拉住揽风绳将预制外挂墙板上部预留钢筋插入现浇梁内，同时底板吊装工人将上下层PC板企口缝定位，并通过斜撑和B紧固件将预制外挂墙板临时固定。

2）预制外挂墙板的校正

吊装工人根据已弹的预制外挂墙板的安装控制线和标高线，通过A、B、C紧固件以及吊线锤，调节预制外挂墙板的标高、轴线位置和垂直度，预制外挂墙板施工时应边安装边校正，如图1-16所示。

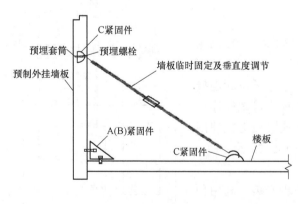

图 1-16　校正图

（4）预制外挂墙板与现浇结构节点连接

1）预制外挂墙板与相邻现浇梁的节点

在预制外挂墙板的安装时，将预制外挂墙板上部的预留钢筋锚入现浇梁内，预制外挂墙板作为梁的单侧模板，同时支设梁底模和侧模，根据预制外挂墙板上部的预留的套筒位置，在侧模对应位置上穿孔，用高强对拉螺杆穿过木模孔和预制外挂墙板上预留套筒对梁节点部位的固定，如图1-17所示。

2）预制外挂墙板与相邻现浇柱的节点

在预制外挂墙板的安装时，将预制外挂墙板两侧竖向预留钢筋锚入现浇柱内，预制外挂墙板作为现浇柱的单侧模板，同时支设现浇柱其他三侧模，根据预留钢筋的位置，在柱

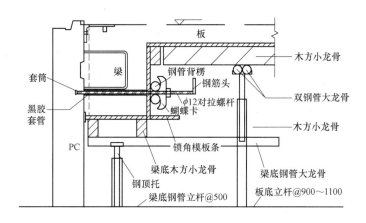

图 1-17　梁节点示意图

模板对应位置上穿孔，预留钢筋穿过木模孔对柱节点部位的固定，如图 1-18 所示。

3）预制外挂墙板与现浇楼板节点焊接固定

在浇筑的混凝土达到设计强度后，拆除预制外挂墙板的 B 紧固件，并用圆钢将预制外挂墙板上的预留钢板和现浇板上预留角钢焊接，将预制外挂墙板和现浇板连接固定。

（5）混凝土浇筑

在隐蔽工程验收后浇筑混凝土，振捣混凝土时，振动棒移动间距为 0.4m，靠近侧模时不应小于 0.2m，分层振捣时振动棒必须进入下一层混凝土 50～100mm，使上下两层充分结合密实，消除施工冷缝。

振动棒振动时间为 20～30s，但以混凝土面出现泛浆为准，振动棒应"快插慢拔"。

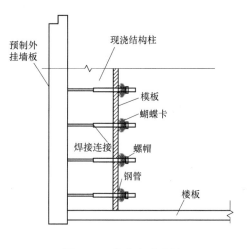

图 1-18　柱节点示意图

（6）预制外挂墙板间的拼缝防水处理

1）预制外挂墙板间的拼缝防水应在混凝土浇筑完成且达到 100％强度后，方可进行。

2）预制外挂墙板间拼缝防水处理前，应将侧壁清理干净，并保持干燥。防水施工中应先嵌塞填充高分子材料，后打胶密封，填充高分子材料不得堵塞防水空腔，应均匀、顺直、饱和、密实，表面光滑，不得有裂缝现象。

（7）拆除临时支撑

混凝土达到 100％强度后，吊装工人拆除预制外挂墙板的 B 紧固件和斜撑等临时支撑工具，便于下层预制外挂墙板施工周转使用。

1.4.5　运行维护阶段

1. 运营维护管理的含义

运营维护管理可以简称为运维管理，国外称为设施管理（Facility Management, FM）。运维管理是基于传统的房屋管理经过演变而来。近几十年来，随着全球经济的快速发展和城市化建设的持续推进，特别是随着人们生活和工作环境的丰富多样，建筑实体功能呈现出多样化的发展现状，使得运维管理成为一门科学，发展成为整合人员、设备以及技术等关键资源的管理系统工程。目前为止，运维管理在国内还没有完整的定义，某些学者给出"运维管理是整合人员、设施和技术，对人员工作、生活空间进行规划、整合和维护管理，满足人员在工作中的基本需求，支持公司的基本活动过程，增加投资收益"的解释。国外对运维管理均没有得到一个广泛认可的定义，几个比较有权威性的协会分别给出了运营管理的定义，见表1-3。

运营管理的定义　　　　　　　　　　　　　　　　　　　表1-3

协会	定义
国际运营管理协会(IFMA)&美国国会图书馆	运营管理是以保持业务空间高品质的生活和提高投资效益为目的，以最新的技术对人类生活环境进行有效的规划、整理和维护管理的工作，它将人们的工作场所和工作任务有机地结合起来，是一门综合了工商管理、建筑科学和工程技术的综合学科
英国运营管理协会(BIFM)	运营管理是通过整合组织流程来支持和发展其协议服务来支持组织和提高其基本活动的有效性
澳大利亚运营管理协会(FMA)	运营管理是一种商业实践，它通过使人、过程、资产和工作环境最优化来实现企业的商业目标

这些定义虽然看起来各不相同，但存在着一些共同认可的、涉及本质的内容。首先，运维管理是一个包含了多学科，综合人、地方、过程以及科技以确保建筑物环境功能的专门行业；其次，运维管理的应用范围不止局限于商业建筑、政府、医院等公用设施，它也包括工业园区、物流港等工业设施及住宅；再者，运维管理的目的在于保持业务空间高品质的生活、工作环境和提高投资效益；最后，运维管理最新的技术对生活、工作环境进行规划、整合和维护管理，将人们的工作场所和工作任务有机地结合，其任务是通过简化企业的日常运营流程，协助客户最大幅度降低运营成本和提高运营收益。

运维管理就是通过整合各种资源，使各种资源达到最优化来满足使用者的各种需求，实现组织利益的最大化。

2. 运营维护管理的范畴

图1-19展示了运维管理的范畴，主要包括空间管理、资产管理、维护管理、公共安全管理、能耗管理这五个方面。

（1）空间管理

空间管理主要是通过对空间进行规划、分配、使用等方面进行管理，满足企业在空间方面的各种需求，并计算空间相关成本，执行成本分摊等内部核算，增强企业各部口控制非经营性成本的意识，提高企业收益。

（2）资产管理

这里的资产管理主要是对建筑内的各种资产进行经营运作，降低资产的闲置浪费，减少和避免资产流失。

（3）维护管理

维护管理的任务主要包括建立设施设备基本信息库与台帐，定义设施设备保养周期等特殊信息，建立计划设施设备进行周期维护；对设施设备运行状态进行巡检管理并建立运

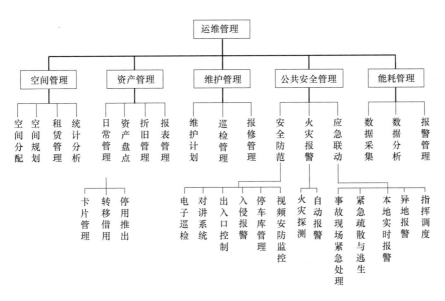

图 1-19　运维管理范畴

行记录等信息；对出现故障的设备从维修申请，到派工、维修、完工验收等实现全程管理。

（4）公共安全管理

公共安全管理需要应对火灾、自然灾害、非法侵入、重大安全事故和公共卫生事故等危害人们生命财产安全的各种突发事件，建立起应急及长效的技术防范保障体系。

（5）能耗管理

能耗管理主要是对建筑正常运行时数据采集、数据分析、报警管理等进行管理，采集统计各种数据，通过分析，当采集数据超过限值时，会发生报警，指导运维管理。如图1-19所示。

3. 运营维护管理与物业管理的关系

人们往往将生活中经常接触到的物业管理等同于运维管理，其实，现代的建筑运维管理与物业管理之间存在着本质上的区别。首先，两者面向的对象不同。物业管理面向的是建筑设施，而运维管理面向的对象则是组织的管理有机体，包括了人们日常生活和工作空间所涉及的所有活动，这是两者最重要的区别；其次，管理目标不同。物业管理的目标主要是为服务对象创造优质的办公和生活环境、保持资产的价值，而运维管理的目标是通过对组织的所有运维管理活动进行整合，在创造效益的同时，为所在组织的战略以及核心业务的发展服务。除此之外，两者在管理定位、管理方式等方面也存在着区别。

现代建筑运维管理与物业管理并不是完全孤立、毫无联系的。简单来说现代建筑运维管理中包含了物业管理的所有内容，同时又加入了一些新的内容，是比物业管理更全面、更深入、更高端的管理活动。

1.5　装配式建筑各省扶持政策与补贴标准

装配式建筑是指用预制的构件在工地装配而成的建筑。这种建筑的优点是建造速度

快、受气候条件制约小、节约劳动力并可提高建筑质量。装配式将是未来建筑行业的主要
筑建方式。在过去的几年中，全国已有 21 省出台了相关扶持政策和补贴标准，为装配式
的发展一路亮起绿灯。

1. 北京市

（1）目标：到 2018 年，实现装配式建筑占新建建筑面积的比例达到 20％以上，到
2020 年，实现装配式建筑占新建建筑面积的比例达到 30％以上。

（2）补助：对于实施范围内的预制率达到 50％以上、装配率达到 70％以上的非政府
投资项目予以财政奖励；对于未在实施范围的非政府投资项目，凡自愿采用装配式建筑并
符合实施标准的，按增量成本给予一定比例的财政奖励，同时给予实施项目不超过 3％的
面积奖励；增值税即征即退优惠等。

（3）3 类项目全部采用装配式建筑：1）北京市保障性住房和政府投资的新建建筑；
2）通过招拍挂方式取得城六区和通州区地上建筑规模 5 万 m²（含）以上国有土地使用权
的商品房开发项目；3）在其他区取得地上建筑规模 10 万 m²（含）以上国有土地使用权
的商品房开发项目。

2. 上海市

（1）目标：以土地源头实行"两个强制比率"（装配式建筑面积比率和新建装配式建
筑单体项目的预制装配率），即 2015 年在供地面积总量中落实装配式建筑的建筑面积比例
不少于 50％；2016 年外环线以内符合条件的新建民用建筑全部采用装配式建筑，外环线
以外超过 50％；2017 年起外环以外在 50％基础上逐年增加。

（2）补助：对总建筑面积达到 3 万 m² 以上，且预制装配率达到 45％及以上的装配式
住宅项目，每平方米补贴 100 元，单个项目最高补贴 1000 万元；对自愿实施装配式建筑
的项目给予不超过 3％的容积率奖励；装配式建筑外墙采用预制夹心保温墙体的，给予不
超过 3％的容积率奖励。

3. 江苏省

（1）目标：到 2020 年，全省装配式建筑占新建建筑比例将达到 30％以上。

（2）补助：项目建设单位可申报示范工程，包括住宅建筑、公共建筑、市政基础设施
三类，每个示范工程项目补助金额约 150 万～250 万元；项目建设单位可申报保障性住房
项目，按照建筑产业现代化方式建造，混凝土结构单体建筑预制装配率不低于 40％，钢
结构、木结构建筑预制装配率不低于 50％，按建筑面积每平方米奖励 300 元，单个项目
补助最高不超过 1800 万元/个。

4. 广东省

（1）目标：到 2020 年，装配式建筑占新建建筑的比例达到 15％。其中，珠三角城市
群装配式建筑占新建建筑面积比例达到 15％以上，常住人口超过 300 万的粤东西北地区
地级市中心城区比例达到 15％以上，全省其他地区比例达到 10％；到 2025 年，珠三
角城市群装配式建筑占新建建筑面积比例达到 35％以上，常住人口超过 300 万的粤东西
北地区地级市中心城区比例达到 30％以上，全省其他地区比例达到 20％以上。

（2）补助：在市建筑节能发展资金中重点扶持装配式建筑和 BIM 应用，对经认定符
合条件的给予资助，单项资助额最高部超过 200 万元。

5. 浙江省

（1）目标：到 2020 年，浙江省装配式建筑占新建建筑的比重达到 30％。

（2）补助：使用住房公积金贷款购买装配式建筑的商品房，公积金贷款额度最高可上浮 20％；对于装配式建筑项目，施工企业缴纳的质量保证金以合同总价扣除预制构件总价作为基数乘以 2％费率计取，建设单位缴纳的住宅物业保修金以物业建筑安装总造价扣除预制构件总价作为基数乘以 2％费率计取；容积率奖励等。

（3）1 类项目全部采用装配式建筑：2016 年 10 月 1 日起，全省各市、县中心城区出让或划拨土地上的新建住宅，全部实行全装修和成品交付。

6. 湖北省

（1）目标：到 2020 年，武汉市装配式建筑面积占新建建筑面积比例达到 35％以上，襄阳市、宜昌市和荆门市达到 20％以上，其他设区城市、恩施州、直管市和神农架林区达到 15％以上。到 2025 年，全省装配式建筑占新建建筑面积的比例达到 30％以上。

（2）2 类项目全部采用装配式建筑：1）自 2017 年 7 月 1 日起，全省新建公共租赁住房实施装配式建筑全装修；2）到 2020 年，武汉市、襄阳市、宜昌市和荆门市新建住宅全面实现住宅全装修。

7. 山东省

（1）目标：2017 年，装配式建筑面积占新建建筑面积比例达到 10％左右；到 2020 年，济南、青岛装配式建筑占新建建筑比例达到 30％以上，其他设区城市和县（市）分别达到 25％、15％以上；到 2025 年，全省装配式建筑占新建建筑比例达到 40％以上。

（2）补助：购房者金融政策优惠；容积率奖励；质量保证金项目可扣除预制构件价值部分、农民工工资、履约保证金可减半征收等。

（3）2 类项目全部采用装配式建筑：1）全省设区城市规划区内新建公共租赁房、棚户区改造安置住房等项目；2）政府投资工程。

8. 湖南省

（1）目标：到 2020 年，全省市州中心城市装配式建筑占新建建筑比例达到 30％以上。

（2）补助：财政奖补；纳入工程审批绿色通道；容积率奖励；税费优惠；优先办理商品房预售；优化工程招投标程序等。

（3）3 类项目全部采用装配式建筑：1）政府投资建设的新建保障性住房、学校、医院、科研、办公、酒店、综合楼、工业厂房等建筑；2）适合于工厂预制的城市地铁管片、地下综合管廊、城市道路和园林绿化的辅助设施等市政公用设施工程；3）长沙市区二环线以内、长沙高新区、长沙经开区，以及其他市州中心城市中心城区社会资本投资的适合采用装配式建筑的工程项目。

9. 四川省

（1）目标：到 2020 年，全省装配式建筑占新建建筑的 30％，装配率达到 30％以上，新建住宅全装修达到 50％；到 2025 年，装配率达到 50％以上的建筑，占新建建筑的 40％，新建住宅全装修达到 70％。

（2）补助：优先安排用地指标；安排科研经费；减少缴纳企业所得税；容积率奖励等。

（3）1 类项目全部采用装配式建筑：桥梁、铁路、道路、综合管廊、隧道、市政工程等建设中，除须现浇外全部采用预制装配式。

10. 河北省

（1）目标：到 2020 年，全省装配式建筑占新建建筑面积的比例达到 20％以上；到 2025 年，全省装配式建筑面积占新建建筑面积的比例达到 30％以上。

（2）补助：优先保障用地；容积率奖励；退还墙改基金和散装水泥基金；增值税即征即退 50％等。

（3）1 类项目全部采用装配式建筑：从 2017 年开始，政府投资的医院、敬老院、学校、幼儿园和场馆等公共建筑原则上采用装配式建筑。

11. 安徽省

目标：到 2020 年，装配式建筑占新建建筑面积的比例达到 15％；到 2025 年，力争装配式建筑占新建建筑面积的比例达到 30％。

12. 福建省

（1）目标：到 2020 年，全省实现装配式建筑占新建建筑的建筑面积比例达到 20％以上。到 2025 年，全省实现装配式建筑占新建建筑的建筑面积比例达到 35％以上。

（2）补助：用地保障；容积率奖励；购房者享受金融优惠政策；税费优惠等。

（3）1 类项目全部采用装配式建筑：从 2019 年起，福州、厦门、泉州、漳州市国有投资（含国有资金投资占控股或者主导地位的）的新开工保障性住房、教育、医疗、办公综合楼项目采用装配式建造。

13. 海南省

（1）目标：到 2020 年，全省采用建筑产业现代化方式建造的新建建筑面积占同期新开工建筑面积的比例达到 10％，全省新开工单体建筑预制率（墙体、梁柱、楼板、楼梯、阳台等结构中预制构件所占的比重）不低于 20％，全省新建住宅项目中成品住房供应比例应达到 25％以上。

（2）补助：优先安排用地指标；安排科研专项资金；享受相关税费优惠；提供行政许可支持等。

14. 河南省

（1）目标：到 2017 年，全省预制装配式建筑的单体预制化率达到 15％以上。

（2）补助：对获得绿色建筑评价二星级运行标识的保障性住房项目省级财政按 20 元/m² 给予奖励，一星级保障性住房绿色建筑达到 10 万 m² 以上规模的执行定额补助上限，并优先推荐申请国家绿色建筑奖励资金；新型墙体材料专项基金实行优惠返还政策等；容积率奖励。

15. 甘肃省

2 类项目全部采用装配式建筑：1）政府投资的部分公共建筑，大跨、超高建筑及城市桥梁中强力推广使用钢结构或型钢混凝土结构；2）工业厂房全面采用钢结构。

16. 山西省

（1）目标：到 2025 年，装配式建筑占新建建筑面积的比例达到 30％以上。

（2）补助：享受增值税即征即退 50％的政策；执行住房公积金贷款最低首付比例；优先安排建设用地；容积率奖励；工程报建绿色通道等。

17. 陕西省

（1）目标：到 2020 年，西安市、宝鸡市、咸阳市、榆林市、延安市城区和西咸新区等重点推进地区装配式建筑占新建建筑的比例达到 20％以上；到 2025 年，全省装配式建筑占新建建筑比例达到 30％以上。

（2）补助：给予资金补助；优先保障装配式建筑项目和产业土地供应；加分企业诚信评价，并与招投标、评奖评先、工程担保等挂钩；购房者享受金融优惠政策；安排科研专项资金等。

18. 江西省

（1）目标：2018 年，全省采用装配式施工的建筑占同期新建建筑的比例达到 10％；2020 年，全省采用装配式施工的建筑占同期新建建筑的比例达到 30％；到 2025 年，全省采用装配式施工的建筑占同期新建建筑的比例力争达到 50％。

（2）补助：优先支持装配式建筑产业和示范项目用地；容积率奖励；科技创新优先支持；资金补贴和资金奖励；减免保证金，工程质量保证金按扣除预制构件总价作为基数减半计取，预售监管资金比例减半等优惠。

（3）1 类项目全部采用装配式建筑：符合条件的政府投资项目全部采用装配式施工。

19. 吉林省

（1）目标：到 2020 年，创建 2～3 家国家级装配式建筑产业基地，全省装配式建筑面积不少于 300 万 m^2；到 2025 年，全省装配式建筑占新建建筑面积的比例达到 30％以上。

（2）补助：设立专项资金；税费优惠；优先保障装配式建筑产业基地（园区）、装配式建筑项目建设用地等。

20. 贵州省

（1）目标：到 2017 年，全省新型建筑建材业完成总产值 1200 亿元以上，完成增加值 400 亿元以上；到 2020 年，全省新型建筑建材业总产值达 2200 亿元以上，完成增加值 600 亿元以上，装配式建筑占新建建筑比例达 15％以上。

（2）补助：对列入新型建筑建材业发展规划的重点园区和重大项目，优先安排土地指标，优先在城乡总体规划中落实用地布局。对投资额 5 亿元以上的项目，由省级直接安排下达年度计划指标，各市（州）政府和贵安新区管委会统筹优先保障建设用地计划指标，实行"点供"。

21. 云南省

（1）目标：到 2020 年，昆明市、曲靖市、红河州装配式建筑占新建建筑面积比例达到 20％，其他每个州、市至少有 3 个以上示范项目；到 2025 年，力争全省装配式建筑占新建建筑面积比例达到 30％，其中昆明市、曲靖市、红河州达到 40％。

（2）补助：税费减免；优先放款给使用住房公积金贷款的购房者；优先安排用地指标等。

习　题

一、选择题

1. 装配式建筑是指工厂生产的（　　）在现场装配而成的建筑。

A. 预制构件

B. 混凝土

C. 钢结构

D. 木结构

2. 装配式建筑的优点不包括（　　）。

A. 建造速度快

B. 受气候条件制约小

C. 可节约劳动力

D. 造价较高

3. 我国内地对预制装配式建筑的应用始于（　　）。

A. 20 世纪 40 年代

B. 20 世纪 50 年代

C. 20 世纪 60 年代

D. 20 世纪 70 年代

二、问答题

4. 装配式建筑的特点有哪些？

5. 装配式建筑在哪些方面有优势？

6. 装配式的不足体现在哪些方面？

7. 装配式建筑有哪些施工特点？

参 考 答 案

1. A　2. D　3. B

4. 建设周期短、耐火性好、质量轻、施工精确、绿色环保、标准化信息化。

5. 设计方面、功能方面、生产方面、施工方面、质量方面、成本方面、劳动力方面、能源方面。

6. 前期一次性成本高、技术水平要求高且高度注重专业协作、需制定相关标准与构造图集、社会认可程度有待提升。

7. 施工人员数量大大减少、建筑外立面工作量减少、垂直运输机械标准高需求大、施工现场堆放构件量较大、施工中预制构件连接固定精度要求高、施工工序复杂且难度大、安全防护措施更加严格。

第 2 章

BIM基本简介

【本章导读】

本章主要从 BIM 技术概念、BIM 的发展历史及现状、BIM 的特点等几个方面对 BIM 基础知识做出具体介绍，为后几章内容的学习打下基础。首先，对 BIM 的由来、优势及常用术语做出基本概述，介绍了 BIM 在我国、美国、英国、新加坡、日本、韩国等国内外的发展及应用现状。而后，从可视化、一体化、参数化、仿真性、协调性、优化性及可出图性几方面具体解释了 BIM 的特点。接下来，对 BIM 模型信息做出介绍，包括项目全生命周期信息及各阶段模型构建属性等。最后，介绍了 BIM 在项目全生命周期各阶段对项目的作用及应用价值，包括勘察设计阶段、施工阶段、运营维护阶段等。

2.1　BIM技术概述

2.1.1　BIM的由来

BIM的全称是建筑信息模型（Building Information Modeling），这项技术被称为"革命性"的技术，源于美国乔治亚技术学院（Georgia Tech College）建筑与计算机专业的查克·伊斯曼（Chuck Eastman）博士提出的一个概念：建筑信息模型包含了不同专业的所有的信息、功能要求和性能，把一个工程项目的所有的信息包括在设计过程、施工过程、运营管理过程的信息全部整合到一个建筑模型（图2-1）。

图2-1　各专业集成BIM模型图

2.1.2　BIM技术概念

BIM技术是一种多维（三维空间、四维时间、五维成本、N维更多应用）模型信息集成技术，可以使建设项目的所有参与方（包括政府主管部门、业主、设计、施工、监理、造价、运营管理、项目用户等）在项目从概念产生到完全拆除的整个生命周期内都能够在模型中操作信息和在信息中操作模型，从而从根本上改变从业人员依靠符号文字形式图纸进行项目建设和运营管理的工作方式，实现在建设项目全生命周期内提高工作效率和质量以及减少错误和风险的目标。

BIM的含义总结为以下三点：

1. BIM是以三维数字技术为基础，集成了建筑工程项目各种相关信息的工程数据模型，是对工程项目设施实体与功能特性的数字化表达。

2. BIM是一个完善的信息模型，能够连接建筑项目生命周期内不同阶段的数据、过程和资源，是对工程对象的完整描述，提供可自动计算、查询、组合拆分的实时工程数据，可被建设项目各参与方普遍使用。

3. BIM具有单一工程数据源，可解决分布式、异构工程数据之间的一致性和全局共享问题，支持建设项目生命周期中动态的工程信息创建、管理和共享，是项目实时的共享数据平台。

2.1.3　BIM的优势

CAD技术将建筑师、工程师们从手工绘图推向计算机辅助制图，实现了工程设计领域的第一次信息革命。但是此信息技术对产业链的支撑作用是断点的，各个领域和环节之间没有关联，从整个产业整体来看，信息化的综合应用明显不足。BIM是一种技术、一种方法、一种过程，它既包括建筑物全生命周期的信息模型，同时又包括建筑工程管理行为的模型，它将两者进行完美的结合来实现集成管理，它的出现将可能引发整个A/E/C（Architecture/Engineering/Construction）领域的第二次革命。

BIM技术较二维CAD技术的优势见表2-1。

BIM 技术较二维 CAD 技术的优势表　　　　　　表 2-1

类别 面向对象	CAD 技术	BIM 技术
基本元素	基本元素为点、线、面,无专业意义	基本元素如:墙、窗、门等,不但具有几何特性,同时还具有建筑物理特征和功能特征
修改图元位置或大小	需要再次画图,或者通过拉伸命令调整大小	所有图元均为参数化建筑构件,附有建筑属性;在"族"的概念下,只需要更改属性,就可以调节构件的尺寸、样式、材质、颜色等
各建筑元素间的关联性	各个建筑元素之间没有相关性	各个构件是相互关联的,例如删除一面墙,墙上的窗和门跟着自动删除;删除一扇窗,墙上原来窗的位置会自动恢复为完整的墙
建筑物整体修改	需要对建筑物各投影面依次进行人工修改	只需进行一次修改,则与之相关的平面、立面、剖面、三维视图、明细表等都自动修改
建筑信息的表达	提供的建筑信息非常有限,只能将纸质图纸电子化	包含了建筑的全部信息,不仅提供形象可视的二维和三维图纸,而且提供工程量清单、施工管理、虚拟建造、造价估算等更加丰富的信息

2.1.4 BIM 常用术语

1. BIM

前期定义为"Building Information Model",之后将 BIM 中的"Model"替换为"Modeling",即"Building Information Modeling",前者指的是静态的"模型",后者指的是动态的"过程",可以直译为"建筑信息建模"、"建筑信息模型方法"或"建筑信息模型过程",但约定俗成目前国内业界仍然称之为"建筑信息模型"。

2. PAS 1192

PAS 1192 即使用建筑信息模型设置信息管理运营阶段的规范。该纲要规定了 Level of Model(图形信息)、Model Information(非图形内容,比如具体的数据)、Model Definition(模型的意义)和模型信息交换(Model Information Exchanges)。PAS 1192-2 提出 BIM 实施计划(BEP)是为了管理项目的交付过程,有效地将 BIM 引入项目交付流程对项目团队在项目早期发展 BIM 实施计划很重要。它概述了全局视角和实施细节,帮助项目团队贯穿项目实践。它经常在项目启动时被定义并当新项目成员被委派时调节他们的参与。

3. CIC BIM Protocol

CIC BIM Protocol 即 CIC BIM 协议。CIC BIM 协议是建设单位和承包商之间的一个补充性的具有法律效益的协议,已被并入专业服务条约和建设合同之中,是对标准项目的补充。它规定了雇主和承包商的额外权利和义务,从而促进相互之间的合作,同时有对知识产权的保护和对项目参与各方的责任划分。

4. Clash Rendition

Clash Rendition 即碰撞再现。专门用于空间协调的过程,实现不同学科建立的 BIM 模型之间的碰撞规避或者碰撞检查。

5. CDE

CDE 即公共数据环境。这是一个中心信息库,所有项目相关者可以访问。同时对所有 CDE 中的数据访问都是随时的，所有权仍旧由创始者持有。

6. COBie

COBie 即施工运营建筑信息交换（Construction Operations Building Information Exchange）。COBie 是一种以电子表单呈现的用于交付的数据形式，为了调频交接包含了建筑模型中的一部分信息（除了图形数据）。

7. Data Exchange Specification

Data Exchange Specification 即数据交换规范。不同 BIM 应用软件之间数据文件交换的一种电子文件格式的规范，从而提高相互间的可操作性。

8. Federated Mode

Federated Mode 即联邦模式。本质上这是一个合并了的建筑信息模型，将不同的模型合并成一个模型，是多方合作的结果。

9. GSL

GSL 即 Government Soft Landings。这是一个由英国政府开始的交付仪式，它的目的是为了减少成本（资产和运行成本）、提高资产交付和运作的效果，同时受助于建筑信息模型。

10. IFC

IFC 即 Industry Foundation Class。IFC 是一个包含各种建设项目设计、施工、运营各个阶段所需要的全部信息的一种基于对象的、公开的标准文件交换格式。

11. IDM

IDM 即 Information Delivery Manual。IDM 是对某个指定项目以及项目阶段、某个特定项目成员、某个特定业务流程所需要交换的信息以及由该流程产生的信息的定义。每个项目成员通过信息交换得到完成他的工作所需要的信息，同时把他在工作中收集或更新的信息通过信息交换给其他需要的项目成员使用。

12. Information Manager

Information Manager 即为雇主提供一个"信息管理者"的角色，本质上就是一个负责 BIM 程序下资产交付的项目管理者。

13. Level0、Level1、Level2、Level3

Level：表示 BIM 等级从不同阶段到完全合作被认可的里程碑阶段的过程，是 BIM 成熟度的划分。这个过程被分为 0～3 共 4 个阶段，目前对于每个阶段的定义还有争论，最广为认可的定义如下：

Level0：没有合作，只有二维的 CAD 图纸，通过纸张和电子文本输出结果。

Level1：含有一点三维 CAD 的概念设计工作，法定批准文件和生产信息都是 2D 图输出。不同学科之间没有合作，每个参与者只含有它自己的数据。

Level2：合作性工作，所有参与方都使用他们自己的 3D CAD 模型，设计信息共享是通过普通文件格式（Common File Format）。各个组织都能将共享数据和自己的数据结合，从而发现矛盾。因此各方使用的 CAD 软件必须能够以普通文件格式输出。

Level3：所有学科整合性合作，使用一个在 CDE 环境中的共享性的项目模型。各参与方都可以访问和修改同一个模型，解决了最后一层信息冲突的风险，这就是所谓的"Open BIM"。

14. LOD

BIM 模型的发展程度或细致程度（Level of Detail），LOD 描述了一个 BIM 模型构件单元从最低级的近似概念化的程度发展到最高级的演示级精度的步骤。LOD 的定义主要运用于确定模型阶段输出结果及分配建模任务这两方面。

15. LoL

LoL 即 Level of Information。LoL 定义了每个阶段需要细节的多少。比如，是空间信息、性能、还是标准、工况、证明等。

16. LCA

LCA 即全生命周期评估（Life-Cycle Assessment）或全生命周期分析（Life-Cycle Analysis），是对建筑资产从建成到退出使用整个过程中对环境影响的评估，主要是对能量和材料消耗、废物和废气排放的评估。

17. Open BIM

Open BIM 即一种在建筑的合作性设计施工和运营中基于公共标准和公共工作流程的开放资源的工作方式。

18. BEP

BEP 即 BIM 实施计划（BIM Execution Plan）。BIM 实施计划分为"合同前"BEP 及"合作运作期"BEP，"合同前"BEP 主要负责雇主的信息要求，即在设计和建设中纳入承包商的建议，"合作运作期"BEP 主要负责合同交付细节。

19. Uniclass

Uniclass 即英国政府使用的分类系统，将对象分类到各个数值标头，使事物有序。在资产的全生命过程中根据类型和种类将各相关元素整理和分类，有可能作为 BIM 模型的类别。

2.2 BIM 的发展历史及现状

2.2.1 BIM 技术的发展沿革

BIM 作为对包括工程建设行业在内的多个行业的工作流程、工作方法的一次重大思索和变革，其雏形最早可追溯到 20 世纪 70 年代。如前文所述，查克·伊士曼博士（Chuck Eastman，Ph. D.）在 1975 年提出了 BIM 的概念；在 20 世纪 70 年代末至 80 年代初，英国也在进行类似 BIM 的研究与开发工作，当时，欧洲习惯把它被称为"产品信息模型（Product Information Model）"，而美国通常称之为"建筑产品模型（Building Product Model）"。

1986 年罗伯特·艾什（Robert Aish）发表的一篇论文中，第一次使用"Building Information Modeling"一词，他在这篇论文描述了今天我们所知的 BIM 论点和实施的相关技术，并在该论文中应用 RUCAPS 建筑模型系统分析了一个案例来表达了他的概念。

21 世纪前的 BIM 研究由于受到计算机硬件与软件水平的限制，BIM 仅能作为学术研究的对象，很难在工程实际应用中发挥作用。

21 世纪以后，计算机软硬件水平的迅速发展以及人们对建筑生命周期的深入理解，推动了 BIM 技术的不断前进。自 2002 年，BIM 这一方法和理念被提出并推广之后，BIM 技术变革风潮便在全球范围内席卷开来。

2.2.2 BIM在国外的发展状况

1. BIM在美国的发展现状

美国是较早启动建筑业信息化研究的国家，发展至今，BIM研究与应用都走在世界前列。目前，美国大多建筑项目已经开始应用BIM，BIM的应用点种类繁多，而且存在各种BIM协会，也出台了各种BIM标准。关于美国BIM的发展，有以下几大BIM的相关机构。

（1）GSA

2003年，为了提高建筑领域的生产效率、提升建筑业信息化水平，美国总务署（General Service Administration，GSA）下属的公共建筑服务（Public Building Service）部门的首席设计师办公室（Office of the Chief Architect，OCA）推出了全国3D-4D-BIM计划。从2007年起，GSA要求所有大型项目（招标级别）都需要应用BIM，最低要求是空间规划验证和最终概念展示都需要提交BIM模型。所有GSA的项目都被鼓励采用3D-4D-BIM技术，并且根据采用这些技术的项目承包商的应用程序不同，给予不同程度的资金支持。目前GSA正在探讨在项目生命全周期中应用BIM技术，包括：空间规划验证、4D模拟、激光扫描、能耗和可持续发展模拟、安全验证等，并陆续发布各领域的系列BIM指南，并在官网可供下载，对于规范和BIM在实际项目中的应用起到了重要作用。

（2）USACE

2006年10月，美国陆军工程兵团（the USA Army Corps of Engineers，USACE）发布了为期15年的BIM发展路线规划，为USACE采用和实施BIM技术制定战略规划，以提升规划、设计和施工质量及效率（图2-2）。规划中，USACE承诺未来所有军事建筑项目都将使用BIM技术。

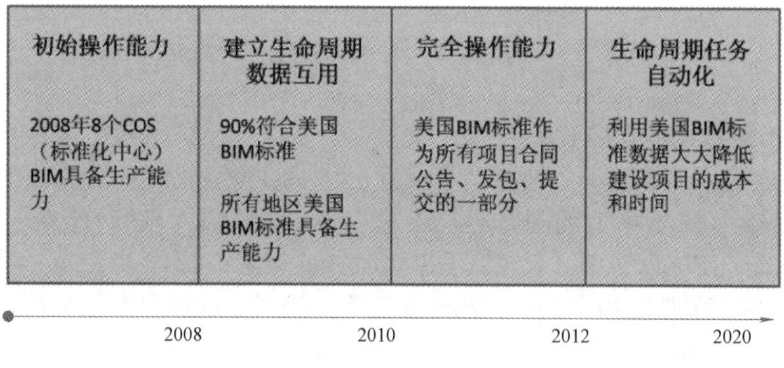

初始操作能力	建立生命周期数据互用	完全操作能力	生命周期任务自动化
2008年8个COS（标准化中心）BIM具备生产能力 所有地区美国BIM标准具备生产能力	90%符合美国BIM标准	美国BIM标准作为所有项目合同公告、发包、提交的一部分	利用美国BIM标准数据大大降低建设项目的成本和时间

| 2008 | 2010 | 2012 | 2020 |

图2-2 USACE的BIM发展图

（3）BSA

Building SMART联盟（Building SMART Alliance，BSA）致力于BIM的推广与研究，使项目所有参与者在项目生命周期阶段能共享准确的项目信息。通过BIM收集和共享项目信息与数据，可以有效地节约成本、减少浪费。美国BSA的目标是在2020年之前，帮助建设部门减少31%的浪费或者节约4亿美元。BSA下属的美国国家BIM标准项目委员会（the National Building Information Model Standard Project Committee-United States，NBIMS-US），专门负责美国国家BIM标准（National Building Information Model Standard，NBIMS）的研究与制定。2007年12月，NBIMS-US发布了NBIMS的第一版的第一部分，主要包括了关于信息交换和开发过程等方面的内容，明确了 BIM 过程和工具的各方定义、相互之间数据交换要求的明细和编码，使不同部门可以开发充分协商一致的 BIM 标准，更好地实现协同。2012 年 5 月，NBIMS-US 发布 NBIMS 的第二版的内容，第二版的编写过程采用了一个开放投稿（各专业 BIM 标准）、民主投票决定标准的内容（Open Consensus Process），因此，也被称为是第一份基于共识的 BIM 标准。

2. BIM 在英国的发展现状

与大多数国家不同，英国政府要求强制使用 BIM。2011 年 5 月，英国内阁办公室发布了政府建设战略（Government Construction Strategy）文件，明确要求：到 2016 年，政府要求全面协同的 3D BIM，并将全部的文件以信息化管理。

政府要求强制使用 BIM 的文件得到了英国建筑业 BIM 标准委员会（AEC BIM Standard Committee）的支持。迄今为止，英国建筑业 BIM 标准委员会已发布了英国建筑业 BIM 标准（AEC BIMStandard）、适用于 Revit 的英国建筑业 BIM 标准（AEC BIM Standard for Revit）、适用于 Bentley 的英国建筑业 BIM 标准（AEC BIM Standard for Bentley Product），并还在制定适用于 ArchiACD、Vectorworks 的 BIM 标准，这些标准的制定为英国的 AEC 企业从 CAD 过渡到 BIM 提供切实可行的方案和程序。

3. BIM 在新加坡的发展现状

在 BIM 这一术语引进之前，新加坡当局就注意到信息技术对建筑业的重要作用。早在 1982 年，建筑管理署（Buildingand Construction Authority，BCA）就有了人工智能规划审批（Artificial Intelligence plan checking）的想法，2000～2004 年，发展 CORENET（Construction and Real Estate NETwork）项目，用于电子规划的自动审批和在线提交，是世界首创的自动化审批系统。2011 年，BCA 发布了新加坡 BIM 发展路线规划（BCA's Building Information Modelling Roadmap），规划明确推动整个建筑业在 2015 年前广泛使用 BIM 技术。为了实现这一目标，BCA 分析了面临的挑战，并制定了相关策略（图 2-3）。

图 2-3 新加坡 BIM 发展策略图

在创造需求方面，新加坡政府部门带头在所有新建项目中明确提出 BIM 需求。2011年，BCA 与一些政府部门合作确立了示范项目。BCA 将强制要求提交建筑 BIM 模型（2013 年起）、结构与机电 BIM 模型（2014 年起），并且最终在 2015 年前实现所有建筑面积大于 5000m² 的项目都必须提交 BIM 模型的目标。

在建立 BIM 能力与产量方面，BCA 鼓励新加坡的大学开设 BIM 的课程、为毕业学生组织密集的 BIM 培训课程、为行业专业人士建立了 BIM 专业学位。

4. BIM 在北欧国家的发展现状

北欧国家如挪威、丹麦、瑞典和芬兰，是一些主要的建筑业信息技术的软件厂商所在地，因此，这些国家是全球最先一批采用基于模型的设计的国家，也在推动建筑信息技术的互用性和开放标准。北欧国家冬天漫长多雪，这使得建筑的预制化非常重要，这也促进了包含丰富数据、基于模型的BIM技术的发展，并导致了这些国家及早地进行了BIM的部署。

北欧国家政府并未强制要求全部使用BIM，由于当地气候的要求以及先进建筑信息技术软件的推动，BIM技术的发展主要是企业的自觉行为。如2007年，Senate Properties发布了一份建筑设计的BIM要求（Senate Properties' BIM Requirements for Architectural Design），自2007年10月1日起，Senate Properties的项目仅强制要求建筑设计部分使用BIM，其他设计部分可根据项目情况自行决定是否采用BIM技术，但目标将是全面使用BIM。该报告还提出，设计招标时将有强制的BIM要求，这些BIM要求将成为项目合同的一部分，具有法律约束力；建议在项目协作时，建模任务需创建通用的视图，并准确的定义；需要提交最终BIM模型，且建筑结构与模型内部的碰撞需要进行存档。

5. BIM在日本的发展现状

在日本，有2009年是日本的BIM元年之说。大量的日本设计公司、施工企业开始应用BIM，而日本国土交通省也在2010年3月表示，已选择一项政府建设项目作为试点，探索BIM在设计可视化、信息整合方面的价值及实施流程。

2010年，日经BP社调研了517位设计院、施工企业及相关建筑行业从业人士，了解他们对于BIM的认知度与应用情况结果显示，BIM的知晓度从2007年的30%提升至2010年的76%。2008年的调研显示，采用BIM的最主要原因是BIM绝佳的展示效果，而2010年人们采用BIM主要用于提升工作效率，仅有7%的业主要求施工企业应用BIM，这也表明日本企业应用BIM更多是企业的自身选择与需求。截至2015年，日本33%的施工企业已经应用BIM了，在这些企业当中近90%是在2009年之前开始实施的。

日本BIM相关软件厂商认识到，BIM是需要多个软件来互相配合，是数据集成的基本前提，因此多家日本BIM软件商在IAI日本分会的支持下，以福井计算机株式会社为主导，成立了日本国国产解决方案软件联盟。此外，日本建筑学会于2012年7月发布了日本BIM指南，从BIM团队建设、BIM数据处理、BIM设计流程、应用BIM进行预算、模拟等方面为日本的设计院和施工企业应用BIM提供了指导。

6. BIM在韩国的发展现状

韩国在运用BIM技术上十分领先，多个政府部门都致力制定BIM的标准。2010年4月，韩国公共采购服务中心（Public Procurement Service，PPS）发布了BIM路线图（图2-4），内容包括：2010年，在1~2个大型工程项目应用BIM；2011年，在3~4个大型工程项目应用BIM；2012~2015年，超过50亿韩元大型工程项目都采用4D BIM技术（3D+成本管理）；2016年前，全部公共工程应用BIM技术。2010年12月，PPS发布了《设施管理BIM应用指南》，针对设计、施工图设计、施工等阶段中的BIM应用进行指导，并于2012年4月对其进行了更新。如图2-4所示。

2010年1月，韩国国土交通海洋部发布了《建筑领域BIM应用指南》，该指南为开发商、建筑师和工程师在申请四大行政部门、16个都市以及6个公共机构的项目时，提供采用BIM技术时必须注意的方法及要素的指导。指南应该能在公共项目中系统地实施

	短期 (2010~2012年)	中期 (2013~2015年)	长期 (2016年~)
目标	通过扩大BIM应用来提高设计质量	构建4D设计预算管理系统	设施管理全部采用BIM，实行行业革新
对象	500亿韩元以上交钥匙工程及公开招标项目	500亿韩元以上的公共工程	所有公共工程
方法	通过积极的市场推广，促进BIM的应用；编制BIM应用指南，并每年更新；BIM应用的奖励措施	建立专门管理BIM发包产业的诊断队伍；建立基于3D数据的工程项目管理系统	利用BIM数据库进行施工管理、合同管理及总预算审查
预期成果	通过BIM应用提高客户满意度；促进民间部门的BIM应用；通过设计阶段多样的检查校核措施，提高设计质量	提高项目造价管理与进度管理水平；实现施工阶段设计变更最小化，减少资源浪费	革新设施管理并强化成本管理

图 2-4　BIM 路线图

BIM，同时也为企业建立实用的 BIM 实施标准。

2.2.3 BIM 在国内的发展状况

1. BIM 在中国香港

香港的 BIM 发展也主要靠行业自身的推动。早在 2009 年，香港便成立了香港 BIM 学会。2010 年，香港的 BIM 技术应用目前已经完成从概念到实用的转变，处于全面推广的最初阶段。香港房屋署自 2006 年起，已率先试用建筑信息模型；为了成功地推行 BIM，自行订立 BIM 标准、用户指南、组建资料库等设计指引和参考。这些资料有效地为模型建立、管理档案，以及用户之间的沟通创造了良好的环境。2009 年 11 月，香港房屋署发布了 BIM 应用标准。香港房屋署提出，在 2014 年~2015 年该项技术将覆盖香港房屋署的所有项目。

2. BIM 在中国台湾

在科研方面，2007 年台湾大学与 Autodesk 签订了产学合作协议，重点研究建筑信息模型（BIM）及动态工程模型设计。2009 年，台湾大学土木工程系成立了"工程信息仿真与管理研究中心"，促进了 BIM 相关技术与应用的经验交流、成果分享、人才培训与产学研合作，并在 2011 年 11 月该中心与淡江大学工程法律研究发展中心合作，出版了《工程项目应用建筑信息模型之契约模板》一书，并特别提供合同范本与说明，补充了现有合同内容在应用 BIM 上之不足。高雄应用科技大学土木系也于 2011 年成立了工程资讯整合与模拟（BIM）研究中心。此外，交通大学、台湾科技大学等对 BIM 也进行了广泛的研究，推动了台湾对于 BIM 的认知与应用。

我国台湾的政府层级对 BIM 的推动有两个方向。首先，对于建筑产业界，政府希望其自行引进 BIM 应用。对于新建的公共建筑和公有建筑，其拥有者为政府单位，工程发包监督受政府管辖，并要求在设计阶段与施工阶段都以 BIM 完成。其次，一些城市也在积极学习国外的 BIM 模式，为 BIM 发展打下基础；另外，政府也举办了一些关于 BIM 的座谈会和研讨会，共同推动了 BIM 的发展。

　　3. BIM 在中国内地

　　近来 BIM 在国内建筑业形成一股热潮，除了前期软件厂商的大声呼吁外，政府相关单位、各行业协会与专家、设计单位、施工企业、科研院校等也开始重视并推广 BIM。2010～2011 年，中国房地产业协会商业地产专业委员会、中国建筑业协会工程建设质量管理分会、中国建筑学会工程管理研究分会、中国土木工程学会计算机应用分会组织并发布了《中国商业地产 BIM 应用研究报告 2010》和《中国工程建设 BIM 应用研究报告 2011》，一定程度上反映了 BIM 在我国工程建设行业的发展现状（图 2-5）。根据这两届的报告，关于 BIM 的知晓程度从 2010 年的 60％提升至 2011 年的 87％。2011 年，共有39％的单位表示已经使用了 BIM 相关软件，而其中以设计单位居多。

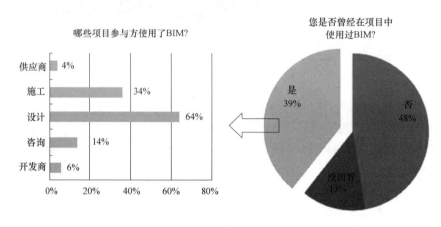

图 2-5　BIM 使用调查图

　　2011 年 5 月，住房和城乡建设部发布的《2011—2015 年建筑业信息化发展纲要》中，明确指出：在施工阶段开展 BIM 技术的研究与应用，推进 BIM 技术从设计阶段向施工阶段的应用延伸，降低信息传递过程中的衰减；研究基于 BIM 技术的 4D 项目管理信息系统在大型复杂工程施工过程中的应用，实现对建筑工程有效的可视化管理等。这拉开了 BIM 在中国应用的序幕。

　　2012 年 1 月，住房和城乡建设部《关于印发 2012 年工程建设标准规范制订修订计划的通知》宣告了中国 BIM 标准制定工作的正式启动，其中包含五项 BIM 相关标准：《建筑工程信息模型应用统一标准》、《建筑工程信息模型存储标准》、《建筑工程设计信息模型交付标准》、《建筑工程设计信息模型分类和编码标准》、《制造工业工程设计信息模型应用标准》。其中，《建筑工程信息模型应用统一标准》的编制采取"千人千标准"的模式，邀请行业内相关软件厂商、设计院、施工单位、科研院所等近百家单位参与标准研究项目、课题、子课题的研究。至此，工程建设行业的 BIM 热度日益高涨。

　　2013 年 8 月，住房和城乡建设部发布《关于征求关于推荐 BIM 技术在建筑领域应用的指导意见（征求意见稿）意见的函》，征求意见稿中明确，2016 年以前政府投资的 2 万 m² 以上大型公共建筑以及省报绿色建筑项目的设计、施工采用 BIM 技术；截至 2020 年，完善 BIM 技术应用标准、实施指南，形成 BIM 技术应用标准和政策体系。

2014 年度，各地方政府关于 BIM 的讨论与关注更加活跃，上海、北京、广东、山东、陕西等各地区相继出台了各类具体的政策推动和指导 BIM 的应用与发展。

2015 年 6 月，住房和城乡建设部《关于推进建筑信息模型应用的指导意见》中，明确发展目标：到 2020 年末，建筑行业甲级勘察、设计单位以及特级、一级房屋建筑工程施工企业应掌握并实现 BIM 与企业管理系统和其他信息技术的一体化集成应用。

2.3　BIM 的特点

2.3.1　可视化

1. 设计可视化

设计可视化即在设计阶段建筑及构件以三维方式直观呈现出来。设计师能够运用三维思考方式有效地完成建筑设计，同时也使业主（或最终用户）真正摆脱了技术壁垒限制，随时可直接获取项目信息，大大减小了业主与设计师间的交流障碍。

BIM 工具具有多种可视化的模式，一般包括隐藏线、带边框着色和真实的模型这三种模式，如图 2-6 所示是在这三种模式下的图例。

此外，BIM 还具有漫游功能，通过创建相机路径，并创建动画或一系列图像，可向客户进行模型展示（图 2-7）。

(a)

(b)

图 2-6　BIM 可视化的三种模式图

(a) 隐藏线、带边框着色；(b) 真实渲染

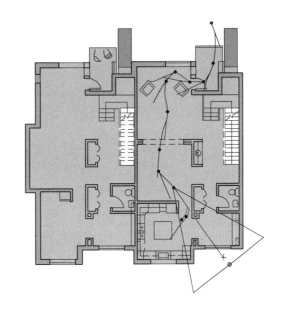

图 2-7　BIM 漫游路径设置

2．施工可视化

（1）施工组织可视化

施工组织可视化即利用 BIM 工具创建建筑设备模型、周转材料模型、临时设施模型等，以模拟施工过程，确定施工方案，进行施工组织。通过创建各种模型，可以在电脑中进行虚拟施工，使施工组织可视化（图 2-8）。

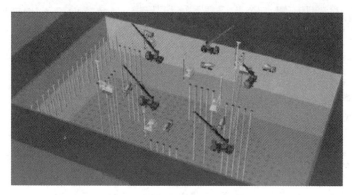

图 2-8　施工组织可视化图

（2）复杂构造节点可视化

复杂构造节点可视化即利用 BIM 的可视化特性可以将复杂的构造节点全方位呈现，如复杂的钢筋节点、幕墙节点等。图 2-9 是钢筋复杂构造节点的可视化应用，传统 CAD 图纸（图 2-9a）难以表示的钢筋排布，在 BIM 中可以很好地展现（图 2-9b），甚至可以做成钢筋模型的动态视频，有利于施工和技术交底。

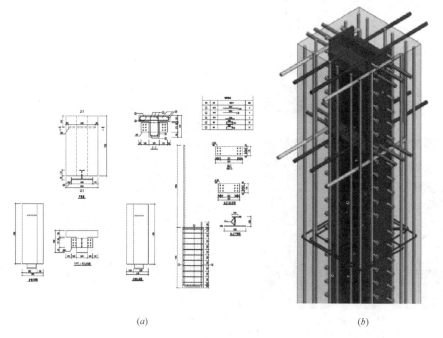

（a）　　　　　　　　　　　　　　　　　（b）

图 2-9　复杂构造节点可视化图

（a）CAD 图纸；（b）BIM 展现

3. 设备可操作性可视化

设备可操作性可视化即利用 BIM 技术可对建筑设备空间是否合理进行提前检验。某项目生活给水机房的 BIM 模型如图 2-10 所示，通过该模型可以验证设备房的操作空间是否合理，并对管道支架进行优化。通过制作工作集和设置不同施工路线，可以制作多种的设备安装动画，不断调整，从中找出最佳的设备房安装位置和工序。与传统的施工方法相比，该方法更直观、清晰。

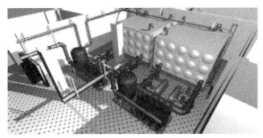

图 2-10　设备可操作性可视化图

4. 机电管线碰撞检查可视化

机电管线碰撞检查可视化即通过将各专业模型组装为一个整体 BIM 模型，从而使机电管线与建筑物的碰撞点以三维方式直观显示出来。在传统的施工方法中，对管线碰撞检查的方式主要有两种：一是把不同专业的 CAD 图纸叠在一张图上进行观察，根据施工经验和空间想象力找出碰撞点并加以修改；二是在施工的过程中边做边修改。这两种方法均费时费力，效率很低。但在 BIM 模型中，可以提前在真实的三维空间中找出碰撞点，并由各专业人员在模型中调整好碰撞点或不合理处后再导出 CAD 图纸。某工程管线碰撞检查如图 2-11 所示。

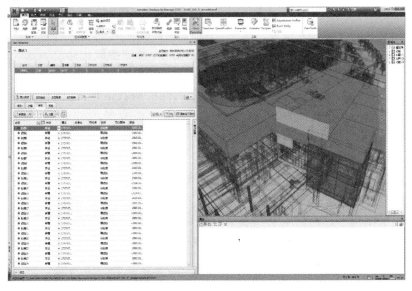

图 2-11　管线碰撞可视化图

2.3.2　一体化

一体化指的是基于 BIM 技术可进行从设计到施工再到运营贯穿了工程项目的全生命周期的一体化管理。BIM 的技术核心是一个由计算机三维模型所形成的数据库，不仅包含了建筑师的设计信息，而且可以容纳从设计到建成使用，甚至是使用周期终结的全过程信息。BIM 可以持续提供项目设计范围、进度以及成本信息，这些信息完整可靠并且完全协调。BIM 能在综合数字环境中保持信息不断更新并可提供访问，使建筑师、工程师、施工人员以及业主可以清楚全面地了解项目。这些信息在建筑设计、施工和管理的过程中能使项目质量提高，收益增加。BIM 的应用不仅仅局限于设计阶段，而是贯穿于整个项目全生命周期的各个阶段。BIM 在整个建筑行业从上游到下游的各个企业间不断完善，从而实现项目全生命周期的信息化管理，最大化地实现 BIM 的意义。

在设计阶段，BIM 使建筑、结构、给水排水、空调、电气等各个专业基于同一个模型进行工作，从而使真正意义上的三维集成协同设计成为可能。将整个设计整合到一个共享的建筑信息模型中，结构与设备、设备与设备间的冲突会直观地显现出来，工程师们可在三维模型中随意查看，并能准确查看到可能存在问题的地方，并及时调整，从而极大避免了施工中的浪费，这在极大程度上促进设计施工的一体化过程。在施工阶段，BIM 可以同步提供有关建筑质量、进度以及成本的信息。利用 BIM 可以实现整个施工周期的可视化模拟与可视化管理。帮助施工人员促进建筑的量化，迅速为业主制定展示场地使用情况或更新调整情况的规划，提高文档质量，改善施工规划。最终结果就是能将业主更多的施工资金投入到建筑，而不是行政和管理中。此外 BIM 还能在运营管理阶段提高收益和成本管理水平，为开发商销售招商和业主购房提供了极大的透明和便利。BIM 这场信息革命，对于工程建设设计施工一体化各个环节，必将产生深远的影响。这项技术已经可以清楚地表明其在协调方面的设计，缩短设计与施工时间表，显著降低成本，改善工作场所安全和可持续的建筑项目所带来的整体利益。

2.3.3　参数化

参数化建模指的是通过参数（变量）而不是数字建立和分析模型，简单地改变模型中的参数值就能建立和分析新的模型。

BIM 的参数化设计分为两个部分："参数化图元"和"参数化修改引擎"。"参数化图元"指的是 BIM 中的图元是以构件的形式出现，这些构件之间的不同，是通过参数的调整反映出来的，参数保存了图元作为数字化建筑构件的所有信息；"参数化修改引擎"指的是参数更改技术使用户对建筑设计或文档部分作的任何改动，都可以自动的在其他相关联的部分反映出来，在参数化设计系统中，设计人员根据工程关系和几何关系来指定设计要求。参数化设计的本质是在可变参数的作用下，系统能够自动维护所有的不变参数。因此，参数化模型中建立的各种约束关系，正是体现了设计人员的设计意图。参数化设计可以大大地提高模型的生成和修改速度。

在某钢结构项目中，钢结构采用交叉状的网壳结构。图 2-12（a）为主肋控制曲线，它是在建筑师根据莫比乌斯环的概念确定的曲线走势基础上衍生出的多条曲线；有了基础控制线后，利用参数化设定曲线间的参数，按照设定的参数自动生成主次肋曲线，如图 2-12（b）所示；相应的外表皮单元和梁也是随着曲线的生成自动生成，如图 2-12（c）所示。这种"参数化"的特性，不仅能够大大加快设计进度，还能够极大地缩短设计修改的时间。

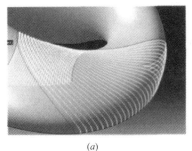 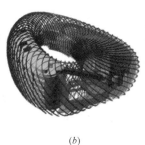 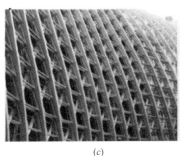

(a) (b) (c)

图 2-12 参数化建模图

2.3.4 仿真性

1. 建筑物性能分析仿真

建筑物性能分析仿真即基于 BIM 技术建筑师在设计过程中赋予所创建的虚拟建筑模型大量建筑信息（几何信息、材料性能、构件属性等），然后将 BIM 模型导入相关性能分析软件，就可得到相应分析结果。这一性能使得原本 CAD 时代需要专业人士花费大量时间输入大量专业数据的过程，如今可自动轻松完成，从而大大降低了工作周期，提高了设计质量，优化了为业主的服务。

性能分析主要包括能耗分析、光照分析、设备分析、绿色分析等。

2. 施工仿真

（1）施工方案模拟、优化

施工方案模拟、优化指的是通过 BIM 可对项目重点及难点部分进行可建性模拟，按月、日、时进行施工安装方案的分析优化，验证复杂建筑体系（如施工模板、玻璃装配、锚固等）的可建造性，从而提高施工计划的可行性。对项目管理方而言，可直观了解整个施工安装环节的时间节点、安装工序及疑难点。而施工方也可进一步对原有安装方案进行优化和改善，以提高施工效率和施工方案安全性。

（2）工程量自动计算

BIM 模型作为一个富含工程信息的数据库，可真实地提供造价管理所需的工程量数据。基于这些数据信息，计算机可快速对各种构件进行统计分析，大大减少了繁琐的人工操作和潜在错误，实现了工程量信息与设计文件的统一。通过 BIM 所获得准确的工程量统计，可用于设计前期的成本估算、方案比选、成本比较，以及开工前预算和竣工后决算。

（3）消除现场施工过程干扰或施工工艺冲突

随着建筑物规模和使用功能复杂程度的增加，设计、施工、甚至业主，对于机电管线综合的出图要求愈加强烈。利用 BIM 技术，通过搭建各专业 BIM 模型，设计师能够在虚拟三维环境下快速发现并及时排除施工中可能遇到的碰撞冲突，显著减少由此产生的变更申请单，大大地提高施工现场作业效率，降低了因施工协调造成的成本增长和工期延误。

3. 施工进度模拟

施工进度模拟即通过将 BIM 与施工进度计划相连接，把空间信息与时间信息整合在一个可视的 4D 模型中，直观、精确地反映整个施工过程。当前建筑工程项目管理中常以表示进度计划的甘特图，专业性强，但可视化程度低，无法清晰描述施工进度以及各种复杂关系（尤其是动态变化过程）。而通过基于 BIM 技术的施工进度模拟可直观、精确地反映整个施工过程，进而可缩短工期、降低成本、提高质量。

4. 运维仿真

（1）设备的运行监控

设备的运行监控即采用 BIM 技术实现对建筑物设备的搜索、定位、信息查询等功能。在运维 BIM 模型中，通过对设备信息集成的前提下，运用计算机对 BIM 模型中的设备进行操作，可以快速查询设备的所有信息，如生产厂商、使用寿命期限、联系方式、运行维护情况以及设备所在位置等。通过对设备运行周期的预警管理，可以有效地防止事故的发生，利用终端设备和二维码、RFID 技术，迅速对发生故障的设备进行检修。

（2）能源运行管理

能源运行管理即通过 BIM 模型对租户的能源使用情况进行监控与管理，赋予每个能源使用记录表以传感功能，在管理系统中及时做好信息的收集处理，通过能源管理系统对能源消耗情况自动进行统计分析，并且可以对异常使用情况进行警告。

（3）建筑空间管理

建筑空间管理即基于 BIM 技术业主通过三维可视化直观地查询定位到每个租户的空间位置以及租户的信息，如租户名称、建筑面积、租约区间、租金情况、物业管理情况；还可以实现租户的各种信息的提醒功能，同时根据租户信息的变化，实现对数据的及时调整和更新。

2.3.5　协调性

"协调"一直是建筑业工作中的重点内容，不管是施工单位还是业主及设计单位，无不在做着协调及相配合的工作。基于 BIM 进行工程管理，可以有助于工程各参与方进行组织协调工作。通过 BIM 建筑信息模型可在建筑物建造前期对各专业的碰撞问题进行协调，生成并提供协调数据。

1. 设计协调

设计协调指的是通过 BIM 三维可视化控件及程序自动检测，可对建筑物内机电管线和设备进行直观布置模拟安装，检查是否碰撞，找出问题所在及冲突矛盾之处，还可调整楼层净高、墙柱尺寸等。从而有效地解决传统方法容易造成的设计缺陷，提升设计质量，减少后期修改，降低成本及风险。

2. 整体进度规划协调

整体进度规划协调指的是基于 BIM 技术，对施工进度进行模拟，同时根据最前线的经验和知识进行调整，极大地缩短施工前期的技术准备时间，并帮助各类各级人员对设计意图和施工方案获得更高层次的理解。以前施工进度通常是由技术人员或管理层敲定的，容易出现下级人员信息断层的情况。如今，BIM 技术的应用使得施工方案更高效、更完美。

3. 成本预算、工程量估算协调

成本预算、工程量估算协调指的是应用 BIM 技术可以为造价工程师提供各设计阶段准确的工程量、设计参数和工程参数，这些工程量和参数与技术经济指标结合，可以计算出准确的估算、概算，再运用价值工程和限额设计等手段对设计成果进行优化。同时，基于 BIM 技术生成的工程量不是简单的长度和面积的统计，专业的 BIM 造价软件可以进行精确的 3D 布尔运算和实体减扣，从而获得更符合实际的工程量数据，并且可以自动形成电子文档进行交换、共享、远程传递和永久存档。准确率和速度上都较传统统计方法有很大的提高，有效降低了造价工程师的工作强度，提高了工作效率。

4. 运维协调

BIM 系统包含了多方信息，如：厂家价格信息、竣工模型、维护信息、施工阶段安装深化图等，BIM 系统能够把成堆的图纸、报价单、采购单、工期图等统筹在一起，呈现出直观、实用的数据信息，可以基于这些信息进行运维协调。

运维管理主要体现在以下方面：

（1）空间协调管理

空间协调管理主要应用在照明、消防等各系统和设备空间定位。应用 BIM 技术业主可获取各系统和设备空间位置信息，把原来编号或者文字表示变成三维图形位置，直观形象且方便查找，如通过 RFID 获取大楼的安保人员位置。BIM 技术还可应用于内部空间设施可视化，利用 BIM 建立一个可视三维模型，所有数据和信息可以从模型获取调用，如装修的时候，可快速获取不能拆除的管线、承重墙等建筑构件的相关属性。

（2）设施协调管理

设施协调管理主要体现在设施的装修、空间规划和维护操作。BIM 技术能够提供关于建筑项目的协调一致的、可计算的信息，该信息可用于共享及重复使用，从而可降低业主和运营商由于缺乏互操作性而导致的成本损失。此外基于 BIM 技术还可对重要设备进行远程控制，把原来商业地产中独立运行的各设备通过 RFID 等技术汇总到统一的平台上进行管理和控制。通过远程控制，可充分了解设备的运行状况，为业主更好地进行运维管理提供良好条件。

（3）隐蔽工程协调管理

基于 BIM 技术的运维可以管理复杂的地下管网，如污水管、排水管、网线、电线以及相关管井，并且可以在图上直接获得相对位置关系。当改建或二次装修的时候可以避开现有管网位置，便于管网维修、更换设备和定位。内部相关人员可以共享这些电子信息，有变化可随时调整，保证信息的完整性和准确性。

（4）应急管理协调

通过 BIM 技术的运维管理对突发事件管理包括：预防、警报和处理。以消防事件为例，该管理系统可以通过喷淋感应器感应信息；如果发生着火事故，在商业广场的 BIM 信息模型界面中，就会自动触发火警警报；着火区域的三维位置和房间立即进行定位显示；控制中心可以及时查询相应的周围环境和设备情况，为及时疏散人群和处理灾情提供重要信息。

（5）节能减排管理协调

通过 BIM 结合物联网技术的应用，使得日常能源管理监控变得更加方便。通过安装具有传感功能的电表、水表、煤气表后，可以实现建筑能耗数据的实时采集、传输、初步分析、定时定点上传等基本功能，并具有较强的扩展性。系统还可以实现室内温湿度的远程监测，分析房间内的实时温湿度变化，配合节能运行管理。在管理系统中可以及时收集所有能源信息，并且通过开发的能源管理功能模块，对能源消耗情况进行自动统计分析，比如各区域，各户主的每日用电量，每周用电量等，并对异常能源使用情况进行警告或者标识。

2.3.6 优化性

在整个设计、施工、运营的过程中，其实就是一个不断优化的过程，没有准确的信息是做不出合理优化结果的。BIM模型提供了建筑物存在的实际信息，包括几何信息、物理信息、规则信息，还提供了建筑物变化以后的实际存在。BIM及与其配套的各种优化工具提供了对复杂项目进行优化的可能：把项目设计和投资回报分析结合起来，计算出设计变化对投资回报的影响，使得业主知道哪种项目设计方案更有利于自身的需求，对设计施工方案进行优化，可以带来显著的工期和造价改进。

2.3.7 可出图性

运用BIM技术，除了能够进行建筑平、立、剖及详图的输出外，还可以输出碰撞报告及构件加工图等。

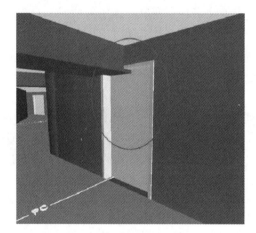

图 2-13 梁与门碰撞图

1. 碰撞报告

通过将建筑、结构、电气、给水排水、暖通等专业的BIM模型整合后，进行管线碰撞检测，可以出综合管线图（经过碰撞检查和设计修改，消除了相应错误以后）、综合结构留洞图（预埋套管图）、碰撞检查报告和建议改进方案。

（1）建筑与结构专业的碰撞

建筑与结构专业的碰撞主要包括建筑与结构图纸中的标高、柱、剪力墙等的位置是否不一致等。如图2-13所示是梁与门之间的碰撞。

（2）设备内部各专业碰撞

设备内部各专业碰撞内容主要是检测各专业与管线的冲突情况，如图2-14所示。

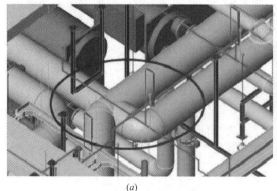 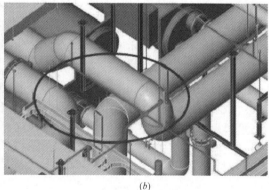

(a) (b)

图 2-14 设备管道互相碰撞图

(a) 检测出的碰撞；(b) 优化后的管线

（3）建筑、结构专业与设备专业碰撞

建筑专业与设备专业的碰撞，如设备与室内装修碰撞，如图2-15所示，结构专业与设备专业的碰撞，如管道与梁柱冲突，如图 2-16 所示。

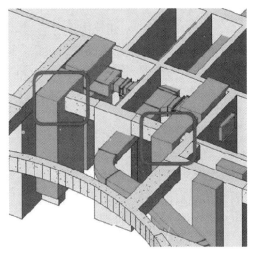

图 2-15　水管穿顶棚图　　　　　　图 2-16　风管和梁碰撞图

（4）解决管线空间布局

基于 BIM 模型可调整解决管线空间布局问题，如机房过道狭小、各管线交叉等问题。管线交叉及优化具体过程如图 2-17 所示。

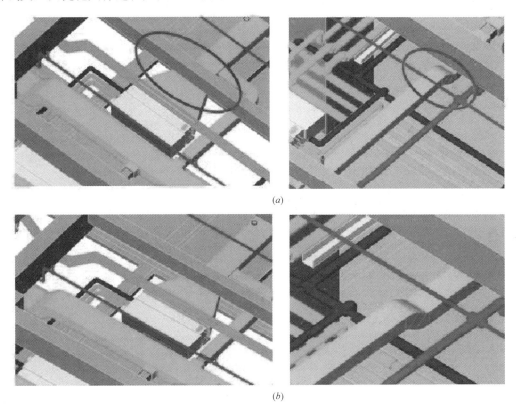

(a)

(b)

图 2-17　风管和梁及消防管道优化前后对比图
（a）问题；（b）优化后

2. 构件加工指导

（1）构件加工图

通过 BIM 模型对建筑构件的信息化表达，可在 BIM 模型上直接生成构件加工图，不仅能清楚地传达传统图纸的二维关系，而且对于复杂的空间剖面关系也可以清楚表达，同时还能够将离散的二维图纸信息集中到一个模型当中，这样的模型能够更加紧密地实现与预制工厂的协同和对接。

（2）构件生产指导

在生产加工过程中，BIM 信息化技术可以直观地表达出配筋的空间关系和各种参数情况，能自动生成构件下料单、派工单、模具规格参数等生产表单，并且能通过可视化的直观表达帮助工人更好地理解设计意图，可以形成 BIM 生产模拟动画、流程图、说明图等辅助培训的材料，有助于提高工人生产的准确性和质量效率。

（3）实现预制构件的数字化制造

借助工厂化、机械化的生产方式，采用集中、大型的生产设备，将 BIM 信息数据输入设备，就可以实现机械的自动化生产，这种数字化建造的方式可以大大地提高工作效率和生产质量。比如现在已经实现了钢筋网片的商品化生产，符合设计要求的钢筋在工厂自动下料、自动成形、自动焊接（绑扎），形成标准化的钢筋网片。

2.3.8　信息完备性

信息完备性体现在 BIM 技术可对工程对象进行 3D 几何信息和拓扑关系的描述以及完整的工程信息描述，如对象名称、结构类型、建筑材料、工程性能等设计信息；施工工序、进度、成本、质量以及人力、机械、材料资源等施工信息；工程安全性能、材料耐久性能等维护信息；对象之间的工程逻辑关系等。

2.4　BIM 模型信息

2.4.1　信息的特性

在进行信息提交的过程中需要对信息的以下三个主要特性进行定义：

1. 状态

状态：定义提交信息的版本。随着信息在项目中流动，其状态通常是在一定的机制控制下变化的。例如同样一个图形，开始时的状态是"发布供审校用"，通过审校流程后，授权人士可以把该图形的状态修改为"发布供施工用"，最终项目结束以后将更新为"竣工图"。定义今后要使用的状态术语是标准化工作要做的第一步。对于每一组信息来说，界定其提交的状态是必须要做的事情，很多重要的信息在竣工状态都是需要的。另外一个应该决定的事情是该信息是否需要超过一个状态，例如"发布供施工用"和"竣工图"等。

2. 类型

类型：定义该信息提交后是否需要被修改。信息有静态和动态两种类型，静态信息代表项目过程中的某个时刻，而动态信息需要被不断更新以反映项目的各种变化。当静态信息创建完成以后就不会再变化了，这样的例子包括许可证、标准图、技术明细以及检查报告等，后续也许还会有新的检查报告，但不会是原来检查报告的修改版本。动态信息比静态信息需要更正式的信息管理，通常其访问频度也比较高，无论是行业规则还是质量系统都要求终端用户清楚了解信息的最新版本，同时维护信息的版本历史也可能是必需的。动态信息的例子包括平面布置、工作流程图、设备数据表、回路图等。当然，根据定义，所有处于设计周期之内的信息都是动态信息。

信息主要可分为静态、动态不需要维护历史版本、动态需要维护历史版本、所有版本都需要维护、只维护特定数目的前期版本这五种类型。

3. 保持

保持：定义该信息必须保留的时间。所有被指定为需要提交的信息都应该有一个业务用途，当该信息缺失的时候，会对业务产生后果，这个后果的严重性和发生后果的经常性是衡量该信息的重要性以及确定应该投入多大努力及费用保证该信息可用的主要指标。从另一方面考虑，如果即使该信息不可用也没有产生什么后果的话，我们就得认真考虑为什么要把这个信息包括在提交要求里面了。当然法律法规可能会要求维护并不具有实际操作价值的信息。

信息保持最少需要建立下面 4 个等级：

（1）基本信息：设施运营需要的信息，没有这些信息，运营和安全可能发生难以承受的风险，这类信息必须在设施的整个生命周期中加以保留。

（2）法律强制信息：运营阶段一般情况下不需要使用，但是当产生法律和合同责任时在一定周期内需要存档的信息，这类信息必须明确规定保持周期。

（3）阶段特定信息：在设施生命周期的某个阶段建立，在后续某个阶段需要使用，但长期运营并不需要的信息，这类信息必须注明被使用的设施阶段。

（4）临时信息：在后续生命周期阶段不需要使用的信息，这类信息不需要包括在信息提交要求中。

在决定每类信息的保持等级的时候，建议要同时定义信息的业务关键性等级，而不仅仅只是给其一个"基础"的等级。

2.4.2 项目全生命周期信息

美国标准和技术研究院（NIST——National Institute of Standards and Technology）根据工程项目信息使用的有关资料把项目的生命周期划分为以下 6 个阶段：

1. 规划和计划阶段

规划和计划是由物业的最终用户发起的，这个最终用户未必一定是业主。这个阶段需要的信息是最终用户根据自身业务发展的需要对现有设施的条件、容量、效率、运营成本和地理位置等要素进行评估，以决定是否需要购买新的物业或者改造已有物业。这个分析既包括财务方面的，也包括物业实际状态方面的。如果决定需要启动一个建设或者改造项目，下一步就是细化上述业务发展对物业的需求，这也是开始聘请专业咨询公司（建筑师、工程师等）的时间点，这个过程结束以后，设计阶段就开始了。

2. 设计阶段

设计阶段是把规划和计划阶段的需求转化为对这个设施的物理描述。从初步设计、扩初设计到施工图的设计是一个变化的过程，是建设产品从粗糙到细致的过程，在这个进程中需要对设计进行必要的管理，从性能、质量、功能、成本到设计标准、规程，都需要去管控设计阶段创建的大量信息，是物业生命周期所有后续阶段的基础。相当数量不同专业的专门人士在这个阶段介入设计过程，其中包括建筑师、土木工程师、结构工程师、机电工程师、室内设计师、预算造价师等，因为这些专业人士分属于不同的机构，所以他们之间的实时信息共享非常关键。

传统情形下，影响设计的主要因素包括设施计划、建筑材料、建筑产品和建筑法规，其中建筑法规包括土地使用、环境、设计规范、试验等。近年来，施工阶段的可建性和施工顺序问题，制造业的车间加工和现场安装方法，以及精益施工体系中的"零库存"设计方法被越来越多地引入设计阶段。

设计阶段的主要成果是施工图和明细表，典型的设计阶段通常在进行施工承包商招标的时候结束，但是对于DB/EPC/IPD等项目实施模式来说，设计和施工是两个连续进行的阶段。

3. 施工阶段

施工阶段是让对设施的物理描述变成现实的阶段。施工阶段的基本信息是设计阶段创建的描述将要建造的那个设施的信息，传统上通过图纸和明细表进行传递。施工承包商在此基础上增加产品来源、深化设计、加工、安装过程、施工排序和施工计划等信息。设计图纸和明细表的完整和准确是施工能够按时、按造价完成的基本保证。大量的研究和实践表明，富含信息的三维数字模型可以改善设计交给施工的工程图纸文档的质量、完整性和协调性。而使用结构化信息形式和标准信息格式可以使得施工阶段的应用软件，例如数控加工、施工计划软件等，直接利用设计模型。

4. 项目交付和试运行阶段

当项目基本完工最终用户开始入住或使用设施的时候，交付就开始了，这是由施工向运营转换的一个相对短暂的时间，但是通常这也是从设计和施工团队获取设施信息的最后机会。正是由于这个原因，从施工到交付和试运行的这个转换点被认为是项目生命周期最关键的节点。

（1）项目交付

项目交付即业主认可施工工作、交接必要的文档、执行培训、支付保留款、完成工程结算。主要的交付活动包括：建筑和产品系统启动、发放入住授权、设施开始使用、业主给承包商准备竣工查核事项表、运营和维护培训完成、竣工计划提交、保用和保修条款开始生效、最终验收检查完成、最后的支付完成和最终成本报告和竣工时间表生成。

虽然每个项目都要进行交付，但并不是每个项目都进行试运行的。

（2）项目试运行

试运行是一个确保和记录所有的系统和部件都能按照明细和最终用户要求以及业主运营需要执行其相应功能的系统化过程。随着建筑系统越来越复杂，承包商趋于越来越专业化，传统的开启和验收方式已经被证明是不合适的了。

使用项目试运行方法，信息需求来源于项目早期的各个阶段。最早的计划阶段定义了业主和设施用户的功能、环境和经济要求；设计阶段通过产品研究和选择、计算和分析、草稿和绘图、明细表以及其他描述形式将需求转化为物理现实，这个阶段产生了大量信息被传递到施工阶段。连续试运行概念要求从项目概要设计阶段就考虑试运行需要的信息要求，同时在项目发展的每个阶段随时收集这些信息。

5. 项目运营和维护阶段

运营和维护阶段的信息需求包括设施的法律、财务和物理等方面。法律信息包括出租、区划和建筑编号、安全和环境法规等；财务信息包括出租和运营收入，折旧计划，运维成本；物理信息来源于交付和试运行阶段：设备和系统的操作参数，质量保证书，检查和维护计划，维护和清洁用的产品、工具、备件。此外，运维阶段也产生自己的信息，这些信息可以用来改善设施性能，以及支持设施扩建或清理的决策。运维阶段产生的信息包括运行水平、满住程度、服务请求、维护计划、检验报告、工作清单、设备故障时间、运营成本、维护成本等。

运营和维护阶段的信息的使用者包括业主、运营商（包括设施经理和物业经理）、住户、供应商和其他服务提供商等。

另外还有一些在运营和维护阶段对设施造成影响的项目，例如住户增建、扩建改建、系统或设备更新等，每一个这样的项目都有自己的生命周期、信息需求和信息源，实施这些项目最大的挑战就是根据项目变化来更新整个设施的信息库。

6. 清理阶段

设施的清理有资产转让和拆除两种方式。

资产转让需要的关键的信息包括财务和物理性能数据：设施容量、出租率、土地价值、建筑系统和设备的剩余寿命、环境整治需求等。

拆除需要的信息包括材料数量和种类、环境整治需求、设备和材料的废品价值、拆除结构所需要的能量等，这里的有些信息需求可以追溯到设计阶段的计算和分析工作。

2.4.3 信息的传递与作用

美国标准和技术研究院在"信息互用问题给固定资产行业带来的额外成本增加"的研究中对信息互用定义如下："协同企业之间或者一个企业内设计、施工、维护和业务流程系统之间管理和沟通电子版本的产品和项目数据的能力，称之为信息互用"。

信息的传递的方式主要有双向直接、单向直接、中间翻译和间接互用这四种方式。

（1）双向直接互用

双向直接互用即两个软件之间的信息可相互转换及应用。这种信息互用方式效率高、可靠性强，但是实现起来也受到技术条件和水平的限制。

BIM建模软件和结构分析软件之间信息互用是双向直接互用的典型案例。在建模软件中可以把结构的几何、物理、荷载信息都建立起来，然后把所有信息都转换到结构分析软件中进行分析，结构分析软件会根据计算结果对构件尺寸或材料进行调整以满足结构安全需要，最后再把经过调整修改后的数据转换回原来的模型中去，合并以后形成更新以后的 BIM 模型。

实际工作中在条件允许的情况下，应尽可能选择双项目信息互用方式。双向直接互用举例如图 2-18 所示。

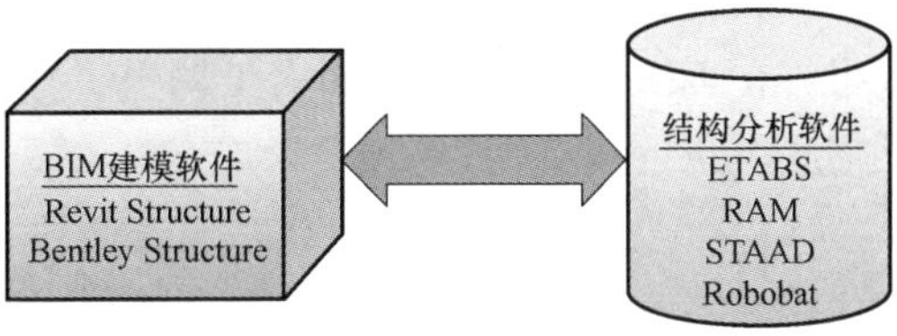

（2）单向直接互用

图 2-18 双向直接互用图

单向直接互用即数据可以从一个软件输出到另外一个软件，但是不能转换回来。典型的例子是 BIM 建模软件和可视化软件之间的信息互用，可视化软件利用 BIM 模型的信息做好效果图以后，不会把数据返回到原来的 BIM 模型中去。

单向直接互用的数据可靠性强，但只能实现一个方向的数据转换，这也是实际工作中建议优先选择的信息互用方式。单向直接互用举例如图 2-19 所示。

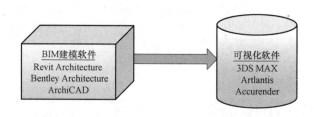

图 2-19　单向直接互用图

（3）中间翻译互用

中间翻译互用即两个软件之间的信息互用需要依靠一个双方都能识别的中间文件来实现。这种信息互用方式容易引起信息丢失、改变等问题，因此在使用转换以后的信息以前，需要对信息进行校验。

例如 DWG 是目前最常用的一种中间文件格式，典型的中间翻译互用方式是设计软件和工程算量软件之间的信息互用，算量软件利用设计软件产生的 DWG 文件中的几何和属性信息，进行算量模型的建立和工程量统计。其信息互用的方式举例如图 2-20 所示。

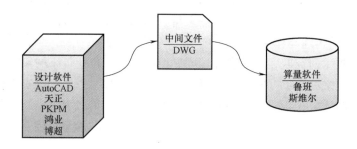

图 2-20　中间翻译互用图

（4）间接互用

信息间接互用即通过人工方式把信息从一个软件转换到另外一个软件，有时需要人工重新输入数据，或者需要重建几何形状。

根据碰撞检查结果对 BIM 模型的修改是一个典型的信息间接互用方式，目前大部分碰撞检查软件只能把有关碰撞的问题检查出来，而解决这些问题则需要专业人员根据碰撞检查报告在 BIM 建模软件里面人工调整，然后输出到碰撞检查软件里面重新检查，直到问题彻底更正（图 2-21）。

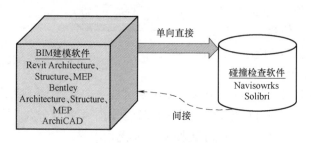

图 2-21　间接互用图

2.4.4 各阶段模型构件属性

建设项目全生命期各个阶段所需要的信息内容和深度都不同，各阶段信息的应用目标和方式也不相同，因此，模型构件所附带的信息或属性，也会随着模型在各个阶段的发展而变化，是一个动态深化的过程。

模型构件的属性，可分为几何属性和非几何属性。几何属性所表达的是构件的几何形状特性以及空间位置特性，随着 LOD 的上升，模型构件的几何属性逐渐复杂化，对模型构件的几何描述逐渐精细化；非几何属性所表达的是构件除几何属性以外的信息和属性，例如材质、颜色、性能指标、施工记录等，针对不同阶段的不同应用，非几何属性的重点和精细化程度也不同。

2.5　BIM 与其他技术集成应用

（1）BIM＋PM

PM 是项目管理的英文缩写，是在限定的工期、质量、费用目标内对项目进行综合管理以实现预定目标的管理工作。BIM 与 PM 集成应用，是通过建立 BIM 应用软件与项目管理系统之间的数据转换接口，充分利用 BIM 的直观性、可分析性、可共享性及可管理性等特性，为项目管理的各项业务提供准确及时的基础数据与技术分析手段，配合项目管理的流程、统计分析等管理手段，实现数据产生、数据使用、流程审批、动态统计、决策分析的完整管理闭环，以提升项目综合管理能力和管理效率。

BIM 与 PM 集成应用，可以为项目管理提供可视化管理手段。如，二者集成的 4D 管理应用，可直观反映出整个建筑的施工过程和形象进度，帮助项目管理人员制订合理施工计划、优化使用施工资源。同时，二者集成应用可为项目管理提供更有效的分析手段。如，针对一定的楼层，在 BIM 集成模型中获取收入、计划成本，在项目管理系统中获取实际成本数据，并进行三算对比分析，辅助动态成本管理。此外，二者集成应用还可以为项目管理提供数据支持。如，利用 BIM 综合模型可方便快捷地为成本测算、材料管理以及审核分包工程量等业务提供数据，在大幅提升工作效率的同时，也可有效提高决策水平。

针对超高层施工难度大、多专业施工立体交叉频繁等问题，广州周大福国际金融中心项目与广联达软件股份有限公司合作开发了东塔 BIM 综合项目管理系统，实现了 BIM 模型与项目管理中各种数据的互联互通，有效降低了成本，缩短了工期，项目管理水平大大提升，成了 BIM 与 PM 集成应用于超高层建筑施工的典范。

据预测，基于 BIM 的项目管理系统将越来越完善，甚至完全可代替传统的项目管理系统。基于 BIM 的项目管理也会促进新的工程项目交付模式 IPD 得到推广应用。IPD 是项目集成交付的英文缩写，是在工程项目总承包的基础上，要求项目参与各方在项目初期介入，密切协作并承担相应责任，直至项目交付。参与各方着眼于工程项目的整体过程，运用专业技能，依照工程项目的价值利益做出决策。在 IPD 模式下，BIM 与 PM 集成应用可将项目相关方融入团队，通过扩展决策圈拥有更为广泛的知识基础，共享信息化平台，做出更优决策，实现持续优化，减少浪费而获得各方收益。因此，IPD 模式将是项目管理创新发展的重要方式，也是 BIM 与 PM 集成应用的一种新的应用模式。

（2）BIM＋云计算

云计算是一种基于互联网的计算方式，以这种方式共享的软硬件和信息资源可以按需提供给计算机和其他终端使用。BIM与云计算集成应用，是利用云计算的优势将BIM应用转化为BIM云服务，目前在我国尚处于探索阶段。

基于云计算强大的计算能力，可将BIM应用中计算量大且复杂的工作转移到云端，以提升计算效率；基于云计算的大规模数据存储能力，可将BIM模型及其相关的业务数据同步到云端，方便用户随时随地访问并与协作者共享；云计算使得BIM技术走出办公室，用户在施工现场可通过移动设备随时连接云服务，及时获取所需的BIM数据和服务等。

天津高银金融117大厦项目，在建设之初启用了广联云服务，将其作为BIM团队数据管理、任务发布和信息共享的数据平台，并提出基于广联云的BIM系统云建设方案，开展BIM技术深度应用。广联云为该项目管理了上万份工程文件，并为来自10个不同单位的项目成员提供模型协作服务。项目部将BIM信息及工程文档同步保存至云端，并通过精细的权限控制及多种协作功能，满足了项目各专业、全过程海量数据的存储、多用户同时访问及协同的需求，确保了工程文档能够快速、安全、便捷、受控地在团队中流通和共享，大大提升了管理水平和工作效率。

根据云的形态和规模，BIM与云计算集成应用将经历初级、中级和高级发展阶段。初级阶段以项目协同平台为标志，主要厂商的BIM应用通过接入项目协同平台，初步形成文档协作级别的BIM应用；中级阶段以模型信息平台为标志，合作厂商基于共同的模型信息平台开发BIM应用，并组合形成构件协作级别的BIM应用；高级阶段以开放平台为标志，用户可根据差异化需要从BIM云平台上获取所需的BIM应用，并形成自定义的BIM应用。

（3）BIM＋物联网

物联网是通过射频识别、红外感应器、全球定位系统、激光扫描器等信息传感设备，按约定的协议将物品与互联网相连进行信息交换和通信，以实现智能化识别、定位、跟踪、监控和管理的一种网络。

BIM与物联网集成应用，实质上是建筑全过程信息的集成与融合。BIM技术发挥上层信息集成、交互、展示和管理的作用，而物联网技术则承担底层信息感知、采集、传递、监控的功能。二者集成应用可以实现建筑全过程"信息流闭环"，实现虚拟信息化管理与实体环境硬件之间的有机融合。目前BIM在设计阶段应用较多，并开始向建造和运维阶段应用延伸。物联网应用目前主要集中在建造和运维阶段，二者集成应用将会产生极大的价值。

在工程建设阶段，二者集成应用可提高施工现场安全管理能力，确定合理的施工进度，支持有效的成本控制，提高质量管理水平。如，临边洞口防护不到位、部分作业人员高处作业不系安全带等安全隐患在施工现场无处不在，基于BIM的物联网应用可实时发现这些隐患并报警提示。高空作业人员的安全帽、安全带、身份识别牌上安装的无线射频识别，可在BIM系统中实现精确定位，如果作业行为不符合相关规定，身份识别牌与BIM系统中相关定位会同时报警，管理人员可精准定位隐患位置，并采取有效措施避免安全事故发生。

在建筑运维阶段，二者集成应用可提高设备的日常维护维修工作效率，提升重要资产的监控水平，增强安全防护能力，并支持智能家居。

上海浦江大型PC保障房项目将BIM与物联网集成应用，基于BIM技术构建起预制建筑建造信息管理平台，研究制订了构件编码规则，结合射频识别技术对预制构件进行动态管理，尝试了BIM技术在预制混凝土装配式建筑的设计、生产及施工全过程管理中的应用，实现了预制构件生产、安装的信息智能、动态管理，提高了施工管理效率。

BIM与物联网集成应用目前处于起步阶段，尚缺乏数据交换、存储、交付、分类和编码、应用等系统化、可实施操作的集成和实施标准，且面临着法律法规、建筑业现行商业模式、BIM应用软件等诸多问题，但这些问题将会随着技术的发展及管理水平的不断提高得到解决。

BIM与物联网的深度融合与应用，势必将智能建造提升到智慧建造的新高度，开创智慧建筑新时代，是未来建设行业信息化发展的重要方向之一。未来建筑智能化系统，将会出现以物联网为核心，以功能分类、相互通信兼容为主要特点的建筑"智慧化"大控制系统。

（4）BIM＋数字化加工

数字化是将不同类型的信息转变为可以度量的数字，将这些数字保存在适当的模型中，再将模型引入计算机进行处理的过程。数字化加工则是在应用已经建立的数字模型基础上，利用生产设备完成对产品的加工。

BIM与数字化加工集成，意味着将BIM模型中的数据转换成数字化加工所需的数字模型，制造设备可根据该模型进行数字化加工。目前，主要应用在预制混凝土板生产、管线预制加工和钢结构加工3个方面。一方面，工厂精密机械自动完成建筑物构件的预制加工，不仅制造出的构件误差小，生产效率也可大幅提高；另一方面，建筑中的门窗、整体卫浴、预制混凝土结构和钢结构等许多构件，均可异地加工，再被运到施工现场进行装配，既可缩短建造工期，也容易掌控质量。

深圳平安金融中心为超高层项目，有十几万 m² 风管加工制作安装量，如果采用传统的现场加工制作安装，不仅大量占用现场场地，而且受垂直运输影响，效率低下。为此，该项目探索基于BIM的风管工厂化预制加工技术，将制作工序移至场外，由专门加工流水线高效切割完成风管制作，再运至现场指定楼层完成组合拼装。在此过程中依靠BIM技术进行预制分段和现场施工误差测控，大大提高了施工效率和工程质量。

未来，将以建筑产品三维模型为基础，进一步加入资料、构件制造、构件物流、构件装置以及工期、成本等信息，以可视化的方法完成BIM与数字化加工的融合。同时，更加广泛地发展和应用BIM技术与数字化技术的集成，进一步拓展信息网络技术、智能卡技术、家庭智能化技术、无线局域网技术、数据卫星通信技术、双向电视传输技术等与BIM技术的融合。

（5）BIM＋智能型全站仪

施工测量是工程测量的重要内容，包括施工控制网的建立、建筑物的放样、施工期间的变形观测和竣工测量等内容。近年来，外观造型复杂的超大、超高建筑日益增多，测量放样主要使用全站型电子速测仪（简称全站仪）。随着新技术的应用，全站仪逐步向自动化、智能化方向发展。智能型全站仪由马达驱动，在相关应用程序控制下，在无人干预的情况下可自动完成多个目标的识别、照准与测量，且在无反射棱镜的情况下可对一般目标直接测距。

BIM 与智能型全站仪集成应用，是通过对软件、硬件进行整合，将 BIM 模型带入施工现场，利用模型中的三维空间坐标数据驱动智能型全站仪进行测量。二者集成应用，将现场测绘所得的实际建造结构信息与模型中的数据进行对比，核对现场施工环境与 BIM 模型之间的偏差，为机电、精装、幕墙等专业的深化设计提供依据。同时，基于智能型全站仪高效精确的放样定位功能，结合施工现场轴线网、控制点及标高控制线，可高效快速地将设计成果在施工现场进行标定，实现精确的施工放样，并为施工人员提供更加准确直观的施工指导。此外，基于智能型全站仪精确的现场数据采集功能，在施工完成后对现场实物进行实测实量，通过对实测数据与设计数据进行对比，检查施工质量是否符合要求。

与传统放样方法相比，BIM 与智能型全站仪集成放样，精度可控制在 3mm 以内，而一般建筑施工要求的精度在 1～2cm，远超传统施工精度。传统放样最少要两人操作，BIM 与智能型全站仪集成放样，一人一天可完成几百个点的精确定位，效率是传统方法的 6～7 倍。

目前，国外已有很多企业在施工中将 BIM 与智能型全站仪集成应用进行测量放样，而我国尚处于探索阶段，只有深圳市城市轨道交通 9 号线、深圳平安金融中心和北京望京 SOHO 等少数项目应用。未来，二者集成应用将与云技术进一步结合，使移动终端与云端的数据实现双向同步；还将与项目质量管控进一步融合，使质量控制和模型修正无缝融入原有工作流程，进一步提升 BIM 应用价值。

（6）BIM+GIS

地理信息系统是用于管理地理空间分布数据的计算机信息系统，以直观的地理图形方式获取、存储、管理、计算、分析和显示与地球表面位置相关的各种数据，英文缩写为 GIS。BIM 与 GIS 集成应用，是通过数据集成、系统集成或应用集成来实现的，可在 BIM 应用中集成 GIS，也可以在 GIS 应用中集成 BIM，或是 BIM 与 GIS 深度集成，以发挥各自优势，拓展应用领域。目前，二者集成在城市规划、城市交通分析、城市微环境分析、市政管网管理、住宅小区规划、数字防灾、既有建筑改造等诸多领域有所应用，与各自单独应用相比，在建模质量、分析精度、决策效率、成本控制水平等方面都有明显提高。

BIM 与 GIS 集成应用，可提高长线工程和大规模区域性工程的管理能力。BIM 的应用对象往往是单个建筑物，利用 GIS 宏观尺度上的功能，可将 BIM 的应用范围扩展到道路、铁路、隧道、水电、港口等工程领域。如，邢汾高速公路项目开展 BIM 与 GIS 集成应用，实现了基于 GIS 的全线宏观管理、基于 BIM 的标段管理以及桥隧精细管理相结合的多层次施工管理。

BIM 与 GIS 集成应用，可增强大规模公共设施的管理能力。现阶段，BIM 应用主要集中在设计、施工阶段，而二者集成应用可解决大型公共建筑、市政及基础设施的 BIM 运维管理，将 BIM 应用延伸到运维阶段。如，昆明新机场项目将二者集成应用，成功开发了机场航站楼运维管理系统，实现了航站楼物业、机电、流程、库存、报修与巡检等日常运维管理和信息动态查询。

BIM 与 GIS 集成应用，还可以拓宽和优化各自的应用功能。导航是 GIS 应用的一个重要功能，但仅限于室外。二者集成应用，不仅可以将 GIS 的导航功能拓展到室内，还可以优化 GIS 已有的功能。如利用 BIM 模型对室内信息的精细描述，可以保证在发生火灾时室内逃生路径是最合理的，而不再只是路径最短。

随着互联网的高速发展，基于互联网和移动通信技术的 BIM 与 GIS 集成应用，将改变两者的应用模式，向着网络服务的方向发展。当前，BIM 和 GIS 不约而同地开始融合云计算这项新技术，分别出现了"云 BIM"和"云 GIS"的概念，云计算的引入将使 BIM 和 GIS 的数据存储方式发生改变，数据量级也将得到提升，其应用也会得到跨越式发展。

（7）BIM＋3D 扫描

3D 扫描是集光、机、电和计算机技术于一体的高新技术，主要用于对物体空间外形、结构及色彩进行扫描，以获得物体表面的空间坐标，具有测量速度快、精度高、使用方便等优点，且其测量结果可直接与多种软件接口。3D 激光扫描技术又被称为实景复制技术，采用高速激光扫描测量的方法，可大面积高分辨率地快速获取被测量对象表面的 3D 坐标数据，为快速建立物体的 3D 影像模型提供了一种全新的技术手段。

3D 激光扫描技术可有效完整地记录工程现场复杂的情况，通过与设计模型进行对比，直观地反映出现场真实的施工情况，为工程检验等工作带来巨大帮助。同时，针对一些古建类建筑，3D 激光扫描技术可快速准确地形成电子化记录，形成数字化存档信息，方便后续的修缮改造等工作。此外，对于现场难以修改的施工现状，可通过 3D 激光扫描技术得到现场真实信息，为其量身定做装饰构件等材料。BIM 与 3D 扫描集成，是将 BIM 模型与所对应的 3D 扫描模型进行对比、转化和协调，达到辅助工程质量检查、快速建模、减少返工的目的，可解决很多传统方法无法解决的问题。

BIM 与 3D 激光扫描技术的集成，越来越多地被应用在建筑施工领域，在施工质量检测、辅助实际工程量统计、钢结构预拼装等方面体现出较大价值。如，将施工现场的 3D 激光扫描结果与 BIM 模型进行对比，可检查现场施工情况与模型、图纸的差别，协助发现现场施工中的问题，这在传统方式下需要工作人员拿着图纸、皮尺在现场检查，费时又费力。

再如，针对土方开挖工程中较难统计测算土方工程量的问题，可在开挖完成后对现场基坑进行 3D 激光扫描，基于点云数据进行 3D 建模，再利用 BIM 软件快速测算实际模型体积，并计算现场基坑的实际挖掘土方量。此外，通过与设计模型进行对比，还可以直观了解基坑挖掘质量等其他信息。

上海中心大厦项目引入大空间 3D 激光扫描技术，通过获取复杂的现场环境及空间目标的 3D 立体信息，快速重构目标的 3D 模型及线、面、体、空间等各种带有 3D 坐标的数据，再现客观事物真实的形态特性。同时，将依据点云建立的 3D 模型与原设计模型进行对比，检查现场施工情况，并通过采集现场真实的管线及龙骨数据建立模型，作为后期装饰等专业深化设计的基础。BIM 与 3D 扫描技术的集成应用，不仅提高了该项目的施工质量检查效率和准确性，也为装饰等专业深化设计提供了依据。

（8）BIM＋虚拟现实

虚拟现实，也称作虚拟环境或虚拟真实环境，是一种三维环境技术，集先进的计算机技术、传感与测量技术、仿真技术、微电子技术等为一体，借此产生逼真的视、听、触、力等三维感觉环境，形成一种虚拟世界。虚拟现实技术是人们运用计算机对复杂数据进行的可视化操作，与传统的人机界面以及流行的视窗操作相比，虚拟现实在技术思想上有了质的飞跃。

BIM技术的理念是建立涵盖建筑工程全生命周期的模型信息库，并实现各个阶段、不同专业之间基于模型的信息集成和共享。BIM与虚拟现实技术集成应用，主要内容包括虚拟场景构建、施工进度模拟、复杂局部施工方案模拟、施工成本模拟、多维模型信息联合模拟以及交互式场景漫游，目的是应用BIM信息库，辅助虚拟现实技术更好地在建筑工程项目全生命周期中应用。

BIM与虚拟现实技术集成应用，可提高模拟的真实性。传统的二维、三维表达方式，只能传递建筑物单一尺度的部分信息，使用虚拟现实技术可展示一栋活生生的虚拟建筑物，使人产生身临其境之感。并且，可以将任意相关信息整合到已建立的虚拟场景中，进行多维模型信息联合模拟。可以实时、任意视角查看各种信息与模型的关系，指导设计、施工，辅助监理、监测人员开展相关工作。

BIM与虚拟现实技术集成应用，可有效支持项目成本管控。据不完全统计，一个工程项目大约有30％的施工过程需要返工、60％的劳动力资源被浪费、10％的材料被损失浪费。不难推算，在庞大的建筑施工行业中每年约有万亿元的资金流失。BIM与虚拟现实技术集成应用，通过模拟工程项目的建造过程，在实际施工前即可确定施工方案的可行性及合理性，减少或避免设计中存在的大多数错误；可以方便地分析出施工工序的合理性，生成对应的采购计划和财务分析费用列表，高效地优化施工方案；还可以提前发现设计和施工中的问题，对设计、预算、进度等属性及时更新，并保证获得数据信息的一致性和准确性。二者集成应用，在很大程度上可减少建筑施工行业中普遍存在的低效、浪费和返工现象，大大缩短项目计划和预算编制的时间，提高计划和预算的准确性。

BIM与虚拟现实技术集成应用，可有效提升工程质量。在施工之前，将施工过程在计算机上进行三维仿真演示，可以提前发现并避免在实际施工中可能遇到的各种问题，如管线碰撞、构件安装等，以便指导施工和制订最佳施工方案，从整体上提高建筑施工效率，确保工程质量，消除安全隐患，并有助于降低施工成本与时间耗费。

BIM与虚拟现实技术集成应用，可提高模拟工作中的可交互性。在虚拟的三维场景中，可以实时地切换不同的施工方案，在同一个观察点或同一个观察序列中感受不同的施工过程，有助于比较不同施工方案的优势与不足，以确定最佳施工方案。同时，还可以对某个特定的局部进行修改，并实时地与修改前的方案进行分析比较。此外，还可以直接观察整个施工过程的三维虚拟环境，快速查看到不合理或者错误之处，避免施工过程中的返工。

虚拟施工技术在建筑施工领域的应用将是一个必然趋势，在未来的设计、施工中的应用前景广阔，必将推动我国建筑施工行业迈入一个崭新的时代。

（9）BIM+3D打印

3D打印技术是一种基于3D模型数据，采用通过分层制造，逐层叠加的方式形成三维实体的技术，即增材制造技术。根据成型的不同，3D打印技术大致可以分为4种，成型类型见表2-2。此外，根据材料和打印工艺也可划分成以下3类：基于混凝土分层喷挤叠加的增材建造方法、基于砂石粉末分层粘合叠加的增材建造方法和大型机械臂驱动的材料三维构造建造方法。3D打印技术涉及信息技术、材料技术和精密机械等多个方面，与传统行业相比较，3D打印技术不仅能提高材料的利用效率，还能用更短的时间打印出比较复杂的产品。

3D打印技术成型类型 表2-2

技术名称	应用原料	优缺点
立体光固化成型技术(SLA)	液态光敏树脂	优点：成型速度快、打印精度高、表面质量好、打印尺寸大
熔积成型技术(FDM)	石膏、金属、塑料、低熔点合金丝等丝状材料	优点：成本低、污染小、材料可回收 缺点：精度稍差、制造速度慢、使用材料类型有限
选择性激光烧结技术(SLS)	固态粉末	优点：多使用的材料广泛
分层实体制造技术(LOM)	纸、金属箔、塑料膜、陶瓷膜	优点：成本低、效率高、稳健可靠、适合大尺寸制作 缺点：前后处理复杂，不能制造中空构件

BIM与3D打印的集成应用，主要是在设计阶段利用3D打印机将BIM模型微缩打印出来，供方案展示、审查和进行模拟分析；在建造阶段采用3D打印机直接将BIM模型打印成实体构件和整体建筑，部分替代传统施工工艺来建造建筑。BIM与3D打印的集成应用，可谓两种革命性技术的结合，为建筑从设计方案到实物的过程开辟了一条"高速公路"，也为复杂构件的加工制作提供了更高效的方案。目前，BIM与3D打印技术集成应用有三种模式：基于BIM的整体建筑3D打印、基于BIM和3D打印制作复杂构件、基于BIM和3D打印的施工方案实物模型展示。

基于BIM的整体建筑3D打印。应用BIM进行建筑设计，将设计模型交付专用3D打印机，打印出整体建筑物。利用3D打印技术建造房屋，可有效降低人力成本，作业过程基本不产生扬尘和建筑垃圾，是一种绿色环保的工艺，在节能降耗和环境保护方面较传统工艺有非常明显的优势。

基于BIM和3D打印制作复杂构件。传统工艺制作复杂构件，受人为因素影响较大，精度和美观度不可避免地会产生偏差。而3D打印机由计算机操控，只要有数据支撑，便可将任何复杂的异型构件快速、精确地制造出来。BIM与3D打印技术集成进行复杂构件制作，不再需要复杂的工艺、措施和模具，只需将构件的BIM模型发送到3D打印机，短时间内即可将复杂构件打印出来，缩短了加工周期，降低了成本，且精度非常高，可以保障复杂异型构件几何尺寸的准确性和实体质量。

基于BIM和3D打印的施工方案实物模型展示。用3D打印制作的施工方案微缩模型，可以辅助施工人员更为直观地理解方案内容，携带、展示不需要依赖计算机或其他硬件设备，还可以360°全视角观察，克服了打印3D图片和三维视频角度单一的缺点。

随着各项技术的发展，现阶段BIM与3D打印技术集成存在的许多技术问题将会得到解决，3D打印机和打印材料价格也会趋于合理，应用成本下降也会扩大3D打印技术的应用范围，提高施工行业的自动化水平。虽然在普通民用建筑大批量生产的效率和经济性方面，3D打印建筑较工业化预制生产没有优势，但在个性化、小数量的建筑上，3D打印的优势非常明显。随着个性化定制建筑市场的兴起，3D打印建筑在这一领域的市场前景非常广阔。

2.6　BIM未来展望

1. 个性化开发

基于建设工程项目的具体需求，可能会逐渐出现针对解决具体问题的各种个性化且具有创新性的新BIM软件、BIM产品及BIM应用平台等。

2. 全方位应用

项目各参与方将可能都会在各自的领域应用BIM技术进行相应的工作，包括政府、业主、设计单位、施工单位、造价咨询单位及监理单位等，BIM技术可能将会在项目全生命周期中发挥重要作用及价值。包括项目前期方案阶段、招标投标阶段、设计阶段、施工阶段、竣工阶段及运维阶段；BIM技术可能都将会应用到各种建设工程项目，包括民用建筑、工业建筑、公共建筑等。

3. 市场细分

未来市场可能会根据不同的BIM技术需求及功能出现专业化的细分，BIM市场将会更加专业化和秩序化，用户可根据自身具体需求方便准确地选择相应市场模块进行应用。

4. 多软件协调（图2-22）

未来BIM技术的应用过程将可能出现多软件协调，各软件之间能够轻松实现信息传递与互用，项目在全生命周期过程中将会多软件协调工作。

BIM技术在我国建设工程市场还存在较大的发展空间，未来BIM技术的应用将会呈出普及化、多元化个性化等特点，相关市场对BIM工程师的需求将更加广泛，BIM工程师的职业发展还有很大空间。

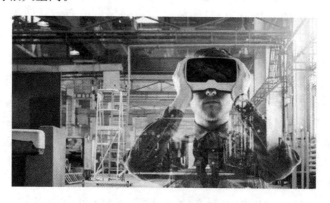

图2-22　多软件协调

2.7　BIM政策各地各级政府汇总

受发达国家与建筑行业改革发展整体需求的影响，近年来BIM技术逐步在建筑领域普及推广，随着影响的不断加强，各地方政府也先后推出相关BIM政策。

1. 北京市

2014年5月，北京市质量技术监督局和北京市规划委员会发布关于《民用建筑信息模型设计标准》文件中提出 BIM 的资源要求、模型深度要求、交付要求是在 BIM 的实施过程规范民用建筑 BIM 设计的基本内容。

2. 上海市

2014 年 10 月 24 日，上海市政府发布《关于在本市推进 BIM 技术应用的指导意见》。明确了上海市政府未来三年 BIM 技术应用目标和重要任务，同时也制定了政策落实的具体保障措施。

2016 年，上海市住房和城乡建设管理委员会出台《关于进一步加强上海市建筑信息技术推广应用的通知》，对定价规则做出明确规定。

3. 广东省

2014 年 9 月 16 日，广东省住建厅发布《关于开展建筑信息模型 BIM 技术推广应用工作的通知》，明确了未来五年广东省 BIM 技术应用目标。

4. 黑龙江省

2016 年 3 月 14 日，黑龙江省住建厅发布《关于推进我省建筑信息模型应用的指导意见》。其中提出利用 BIM 技术的应用为未来推进 BIM 应用提供真实可靠的项目实例。

5. 浙江省

2016 年 4 月 27 日，浙江省住建厅发布《浙江省建筑信息模型（BIM）技术应用导则》。明确规定了浙江省 BIM 技术实施的组织管理和各类 BIM 技术应用点的主要内容，便于建立完整的 BIM 工作体系和标准规范。

2016 年 7 月，浙江省建筑业技术创新协会发布了关于《浙江省建筑施工企业 BIM 应用服务供应商推荐咨询报告》。即对 BIM 技术应用产业链进行调查分析，又对中国现有建筑施工企业 BIM 技术应用情况做详细梳理，为浙江省未来 BIM 发展战略规划上提供重要参考依据。

6. 广西壮族自治区

2016 年 3 月 24 日，广西壮族自治区住建厅发布《关于印发广西推进建筑信息模型应用的工作实施方案的通知》，通知中明确指出未来五年广西壮族自治区 BIM 技术推广应用的具体目标。

7. 云南省

2016 年 3 月 24 日，云南省住建厅发布《云南省推进建筑信息模型技术应用的指导意见（征求意见稿）》。此文件为征求意见稿，待各方面意见反馈后，才能推行符合云南省 BIM 技术发展特点的《云南省推进建筑信息模型技术应用的指导意见》。

8. 济南市

2016 年 6 月 29 日，济南市城乡建设委员会发布《关于加快推进建筑信息模型（BIM）技术应用的意见》。文件明确两年内城市建设目标，对于在 BIM 技术在本地区和山东省的推广起到重要作用。

9. 湖南省

2016 年 1 月 14 日，湖南省政府也出台了《关于开展建筑信息模型应用工作的指导意见》。文件中强调社会资本投资额在 6 千万元以上（或 2 万 m² 以上）的建设项目应采用 BIM 技术，这为社会资本投资的申请与管理提供了一定的限定与帮助。

2016 年 8 月 25 日，湖南省住建厅发布《关于在建设领域全面应用 BIM 技术的通知》。

这是湖南省住建厅为进一步加强实现《指导意见》指导目标而制定的。

10. 沈阳市

2016年2月29日，沈阳市城乡建设委员会发布《推进我市建筑信息模型技术应用的工作方案》。通过试点示范、市场培育和全面推进三阶段全面落实BIM技术应用提供真实可靠的项目实例。

11. 天津市

2016年5月31日，天津市城乡建设委员会发布《天津市民用建筑信息模型（BIM）设计技术导则》。文件中明确规定了天津市BIM技术应用规范，还充分考虑了国家及天津市BIM行业的实际情况，建立BIM设计基础制度，有助于今后推动建筑信息模型（BIM）行业的发展。

12. 徐州市

2016年8月17日，徐州市审计局《在全市审计机关推进建筑信息模型技术应用的指导意见》。

这是全国首个除政府及建筑主管部门外高度提倡应用BIM技术的市级部门。

13. 成都市

成都市城乡建设委员会发布在2016年11月提出本市开展建筑信息模型（BIM）技术应用的通知。

截止到2017年，全国已有十几个省市地区陆续发布了BIM技术推广应用文件。其中，住房和城乡建设部、上海市、黑龙江省、云南省、湖北省、济南市发布了具体BIM应用指导意见。

随着国家及各地政府对BIM技术的不断推进，其他地区的政策文案也都在酝酿制定中，越来越多关于BIM的推进政策将会陆续推出。

习　　题

一、选择题

1. BIM的英文名称是（　　）。

A. Building Information Modeling

B. Building Information Model

C. Building Intelligence Model

D. Building Intelligence Modeling

2. BIM的特点不包括（　　）。

A. 可视化

B. 一体化

C. 参数化

D. 简单化

3. 在BIM+云计算当中，不属于云的形态和规模的是（　　）。

A. 项目协同平台为标志

B. 模型信息平台为标志

C. 企业管理信息为标志

D. 开放平台为标志

4. BIM+物联网的工程建设阶段，二者集成应用不可以（　　）。

A. 提高施工现场安全管理能力

B. 将数字保存在适当的模型中

C. 支持有效的成本控制

D. 提高质量管理水平

二、问答题

5. BIM与GIS集成应用的特点有哪些？

6. 根据成型的不同，3D打印技术大致可以分为哪几种？

7. BIM+智能型全站仪的集成应用有哪些特点？

8. 项目的生命周期可以划分为哪几个阶段？

参 考 答 案

1. A　2. D　3. C　4. B

5. 可以提高长线工程和大规模区域性工程的管理能力、拓宽和优化各自的应用功能、向着网络服务的方向发展。

6. 立体光固化成型技术（SLA）、熔积成型技术（FDM）、选择性激光烧结技术（SLS）、分层实体制造技术（LOM）。

7. 可以将现场测绘所得的实际建造结构信息与模型中的数据进行对比，核对现场施工环境与BIM模型之间的偏差；高效快速地将设计成果在施工现场进行标定，实现精确的施工放样，并为施工人员提供更加准确直观的施工指导；通过对实测数据与设计数据进行对比，检查施工质量是否符合要求。

8. 规划和计划阶段、设计阶段、施工阶段、项目交付和试运行阶段、项目运营和维护阶段、清理阶段。

第 3 章

BIM在项目各方面的应用与协同

【本章导读】

本章首先从 BIM 技术应用和推广过程中常见的问题开始，解释为什么要在项目管理中应用 BIM 技术。应用 BIM 技术有哪些优势。能为项目管理创造什么价值。以及开展项目管理中的 BIM 技术应用等；然后讲述了 BIM 的协同特性，以及它在项目管理中的应用；最后简要说明了 BIM 在项目管理中总体实施的步骤和内容。

3.1　BIM 在项目各方中的应用

在项目实施过程中，各利益相关方既是项目管理的主体，同时也是 BIM 技术的应用主体。不同的利益相关方，因为在项目管理过程中的责任、权利、职责的不同，针对同一个项目的 BIM 技术应用，各自的关注点和职责也不尽相同。例如，业主单位更多的关注整体项目的 BIM 技术应用部署和开展，设计单位则更多关注设计阶段的 BIM 技术应用，施工单位则更多关注施工阶段的 BIM 技术应用。又比如，对最为常见的管线综合 BIM 技术应用，建设单位、设计单位、施工单位、运维单位的关注点就相差甚远，建设单位关注净高和造价，设计单位关注宏观控制和系统合理性，施工单位关注成本和施工工序、施工便利，运维单位关注运维便利程度。不同的关注点，就意味着同样的 BIM 技术，作为不同的实施主体，一定会有不同的组织方案、实施步骤和控制点。

虽然不同利益相关的 BIM 需求并不相同，但 BIM 模型和信息根据项目建设的需要，只有在各利益相关方之间进行传递和使用，才能发挥 BIM 技术的最大价值。所以，实施一个项目的 BIM 技术应用，一定要清楚 BIM 技术应用首先为哪个利益相关方服务，BIM 技术应用必须纳入各利益相关方的项目管理内容。各利益相关方必须结合企业特点和 BIM 技术的特点，优化、完善项目管理体系和工作流程，建立基于 BIM 技术的项目管理体系，进行高效的项目管理。在此基础上，兼顾各利益相关方的需求，建立更利于协同的共同工作流程和标准。

BIM 技术应用与传统的项目管理是密不可分的，因此，各利益相关方在进行 BIM 技术应用时，还要从对传统项目管理的梳理、BIM 应用需求、形式、流程和控制节点等几个方面，进行管理体系、流程的丰富和完善，实现有效、有序管理。

3.1.1　业主单位与 BIM 应用

1. 业主单位的项目管理

业主单位是建设工程生产过程的总集成者——人力资源、物质资源和知识的集成，也是建设工程生产过程的总组织者。业主单位也是建设项目的发起者及项目建设的最终责任者，业主单位的项目管理是建设项目管理的核心。作为建设项目的总组织者、总集成者，业主单位的项目管理任务繁重、涉及面广且责任重大，其管理水平与管理效率直接影响建设项目的增值。

业主单位的项目管理是所有各利益相关方中唯一涵盖建筑全生命周期各阶段的项目管理，业主单位的项目管理在建筑全生命周期项目管理各阶段均有体现。作为项目发起方，业主单位应将建设工程的全寿命过程以及建设工程的各参与单位集成对建设工程进行管理，应站在全方位的角度来设定各参与方的权责利的分工。

2. 业主单位 BIM 项目管理的应用需求

业主单位首先需要明确利用 BIM 技术实现什么目的、解决什么问题，才能更好地应用 BIM 技术辅助项目管理。业主往往希望通过 BIM 技术应用来控制投资、提高建设效率，同时积累真实有效的竣工运维模型和信息，为竣工运维服务，在实现上述需求的前提下，也希望通过积累实现项目的信息化管理、数字化管理。常见的具体应用需求见表

3-1。

业主单位 BIM 项目管理的应用需求　　　　　　　　　　　　　　　表 3-1

序号	应用需求	具 体 内 容
1	可视化的投资方案	能反映项目的功能,满足业主的需求,实现投资目标
2	可视化的项目管理	支持设计、施工阶段的动态管理,及时消除差错,控制建设周期及项目投资
3	可视化的物业管理	通过 BIM 与施工过程记录信息的关联,不仅为后续的物业管理带来便利,并且可以在未来进行的翻新、改造、扩建过程中为业主及项目团队提供有效的历史信息

应用 BIM 技术可以实现的业主单位需求如下:

(1) 招标管理

在业主单位招标管理阶段,BIM 技术应用主要体现在以下几个方面:1) 数据共享。BIM 模型的直观、可视化能够让投标方快速的深入了解招标方所提出的条件、预期目标,保证数据的共通共享及追溯。2) 经济指标精确控制。控制经济指标的精确性与准确性,避免建筑面积与限高的造假,以及工程量的不确定性。3) 无纸化招标。能增加信息透明度,还能而节约大量纸张,实现绿色低碳环保。4) 削减招标成本。基于 BIM 技术的可视化和信息化,可采用互联网平台低成本、高效率的实现招投标的跨区域、跨地域进行,使招投标过程更透明、更现代化,同时能降低成本。5) 数字评标管理。基于 BIM 技术能够记录评标过程并生成数据库,对操作员的操作进行实时的监督,有利于规范市场秩序,有效推动招标投标工作的公开化、法制化,使得招投标工作更加公正、透明。

(2) 设计管理

在业主单位设计管理阶段,BIM 技术应用主要体现在以下几个方面:1) 协同工作,基于 BIM 的协同设计平台,能够让业主与各参与方实时观测设计数据更新、施工进度和施工偏差查询,实现图纸、模型的协同。2) 基于精细化设计理念的数字化模拟与评估。基于 BIM 数字模型,可以利用更广泛的计算机仿真技术对拟建造工程进行性能分析,如日照分析、绿色建筑运营、风环境、空气流动性、噪声云图等指标;也可以将拟建工程纳入城市整体环境,将对周边既有建筑等环境的影响进行数字化分析评估,如日照分析、交通流量分析等指标,这些对于城市规划及项目规划意义重大。3) 复杂空间表达。在面对建筑物内部复杂空间和外部复杂曲面时,利用 BIM 软件可视化、有理化的特点,能够更好地表达设计和建筑曲面,为建筑设计创新提供了更好的技术工具。4) 图纸快速检查。利用 BIM 技术的可视化功能,可以大幅度提高图纸阅读和检查的效率,同时,利用 BIM 软件的自动碰撞检测功能,也可以帮助图纸审查人员快速发现复杂困难节点。

(3) 工程量快速统计

目前主流的工程造价算量模式有几个明显的缺点:图形不够逼真;对设计意图的理解容易存在偏差,容易产生错项和漏项;需要重新输入工程图纸搭建模型,算量工作周期长;模型不能进行后续使用,没有传递,建模投入很大但仅供算量使用。

利用 BIM 技术辅助工程计算,能大大减轻工程造价工作中算量阶段的工作强度。首先,利用计算机软件的自动统计功能,即可快速地实现 BIM 算量;其次,由于是设计模型的传递，完整表达了设计意图，可以有效减少错项、漏项。同时，根据模型能够自动生成快速统计和查询各专业工程量，对材料计划、使用做精细化控制，避免材料浪费。利用BIM技术提供的参数更改技术，能够将更改自动反映到其他位置，从而可以帮助工程师们提高工作效率、协同效率以及工作质量。

（4）施工管理

在施工管理阶段，业主单位更多的是施工阶段的风险控制，包含安全风险、进度风险、质量风险和投资风险等。其中安全风险包含施工中的安全风险和竣工交付后运营阶段的安全风险。同时，考虑不可避免的"沟通噪音"，业主单位还要考虑变更风险。在这一阶段，基于各种风险的控制，业主单位需要对现场目标的控制、承包商的管理、设计者的管理、合同管理、手续办理、项目内部及周边管理协调等问题进行重点管控。为了有效管控，急需专业的平台来提供各个方面庞大的信息和各个方面人员的管理。

BIM技术正是为解决此类工程问题的首选技术。BIM技术辅助业主单位在施工管理阶段进行项目管理的优势主要体现在以下几个方面：1）验证施工单位施工组织的合理性，优化施工工序和进度计划；2）使用3D和4D模型明确分包商的工作范围，管理协调交叉，施工过程监控，可视化报表进度；3）对项目中所需的土建、机电、幕墙和精装修所需要的重大材料，或甲指甲控材料进行监控，对工程进度进行精确计量，保证业主项目中的成本控制风险；4）工程验收时，用3D扫描仪进行三维扫描测量，对表观质量进行快速、真实、可追溯的测量，与模型参照对比来检验工程质量，防止人工测量验收的随意性和误差。

（5）销售推广

利用BIM技术和虚拟现实技术、增强虚拟现实技术、3D眼镜、体验馆等，还可以将BIM模型转化为具有很强交互性的三维体验式模型，结合场地环境和相关信息，从而组成沉浸式场景体验。在沉浸式场景体验中，客户可以定义第一视角的人物，以第一人称视角，身临其境，浏览建筑内部，增强客户体验。利用BIM模型，可以轻松出具房间渲染效果图和漫游视频，减少了二次重复建模的时间和成本，提高了销售推广系统的响应效率，对销售回笼资金将起到极大的促进作用。同时，竣工交付时可为客户提供真实的三维竣工BIM模型，有助于销售和交付的一致性，减少法务纠纷，更重要的是能避免客户二次装修时对隐蔽机电管道的破坏，降低安全和经济风险。

BIM辅助业主单位进行销售推广主要体现在以下几个方面：1）面积准确。BIM模型可自动生成户型面积和建筑面积、公摊面积，结合面积计算规则适当调整，可以快速进行面积测算、统计和核对，确保销售系统数据真实、快捷。2）虚拟数字沙盘。通过虚拟现实技术为客户提供三维可视化沉浸式场景，体会身临其境的感觉。某工程推广房屋三维模型如图3-1所示。3）减少法务风险。因为所有的数字模型成果均从设计阶段交付至施工阶段、销售阶段，所有信息真实可靠，销售系统提供客户的销售模型与真实竣工交付成果一致，将大幅减少不必要的法务风险。

（6）运维管理

根据我国《城镇国有土地使用权出让和转让暂行条例》第12条规定，土地使用权出让最高年限按下列用途确定：居住用地70年；工业用地50年；教育、科技、文化、卫生、体育用地年限为 50 年；商业、旅游、娱乐用地 40 年；仓储用地 50 年；综合或者其他用地 50 年。

与动辄几十年的土地使用权年限相比，施工建设期一般仅仅数年，高达 127 层的上海中心也仅仅用了不到 6 年的施工建设时间。与较长的运营维护期相比，施工建设期则要短很多。在漫长的建筑物运营维护期间内，建筑物结构设施（如墙、楼板、屋顶等）和设备设施（如设备、管道等）都需要不断得到维护。一个成功的维护方案将提高建筑物性能、降低能耗和修理费用，进而降低总体维护成本。

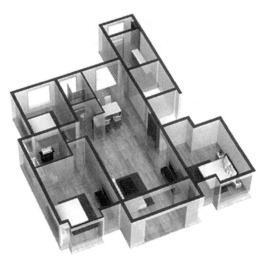

图 3-1　某房屋三维模型

BIM 模型结合运营维护管理系统可以充分发挥空间定位和数据记录的优势，合理制定维护计划，分配专人专项维护工作，以提高建筑物在使用过程中出现突发状况后的应急处理能力。BIM 辅助业主单位进行运维管理主要体现在以下几个方面：1）设备信息的三维标注，可在设备管道上直接标注名称规格、型号，三维标注跟随模型移动、旋转；2）属性查询，在设备上右击鼠标，可以显示设备部具体规格、参数、厂家等信息；3）外部链接，在设备上点击，可以调出有关设备设施的其他格式文件，如图片、维修状况，仪表数值等；4）隐蔽工程，工程结束后，各种管道可视性降低，给设备维护、工程维修或二次装饰工程带来一定难度，BIM 清晰记录各种隐蔽工程，避免错误施工的发生；5）模拟监控，物业对一些净空高度，结构有特殊要求，BIM 提前解决各种要求，并能生成 VR 文件，可以让客户互动阅览。

（7）空间管理

空间管理是业主单位为节省空间成本、有效利用空间、为最终用户提供良好工作、生活环境而对建筑空间所做的管理。BIM 可以帮助管理团队记录空间的使用情况，处理最终用户要求空间变更的请求，分析现有空间的使用情况合理分配建筑物空间，确保空间资源的最大利用率。

某工程基于 BIM 的房间管理如图 3-2 所示。

（8）决策数据库

决策是对若干可行方案进行决策，即是对若干可行方案进行分析、分析比较、比较判断、判断选优的过程。决策过程一般可分为四个阶段：1）信息收集。对决策问题和环境进行分析，收集信息，寻求决策条件。2）方案设计。根据决策目标条件，分析制定若干行动方案。3）方案评价。进行评价，分析优缺点，对方案排序。4）方案选择。综合方案的优劣，择优选择。

建设项目投资决策在全生命期中处于十分重要的地位。传统的投资决策环节，决策主要依据根据经验获得。但由于项目管理水平差异较大，信息反馈的及时性、系统性不一，经验数据水平差异较大；同时由于运维阶段信息化反馈不足，传统的投资决策主要依据很难覆盖到项目运维阶段。

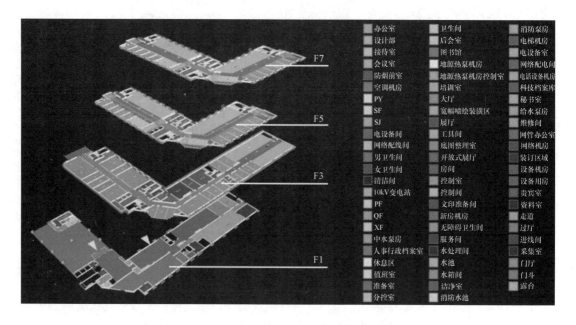

图 3-2　基于 BIM 的房间管理

BIM 技术在建筑全生命周期的系统、持续运用，将提高业主单位项目管理水平，将提高信息反馈的及时性和系统性，决策主要依据将由经验或者自发的积累，逐渐被科学决策数据库所代替，同时，决策主要依据将延伸到运维阶段。

3. 业主单位项目管理中 BIM 技术的应用形式

鉴于 BIM 技术尚未普及，目前主流的业主单位项目管理 BIM 技术应用有 4 种形式：1）咨询方做独立的 BIM 技术应用，由咨询方交付 BIM 竣工模型。2）设计方、施工单位各做各的 BIM 技术应用，由施工单位交付 BIM 竣工模型。3）设计方做设计阶段的 BIM 技术应用，并覆盖到施工阶段，由设计方交付 BIM 竣工模型。4）业主单位成立 BIM 研究中心或 BIM 研究院，由咨询方协助，组织设计、施工单位做 BIM 咨询运用，逐渐形成以业主为主导的 BIM 技术应用。各种应用形式优缺点见表 3-2。

设计方各 BIM 应用形式的优缺点　　　　　　　　　　　表 3-2

序号	优　点	缺　点
1)	BIM 工作界面清晰	基本 BIM 就是翻模型，仅作为初次接触体验，对工程实际意义不大，业主单位投入较小；真正 BIM 全过程的应用，对 BIM 咨询方要求极高，且需要驻场，由于没有其他业态支撑，所有投入均需业主单位承担，业主单位投入极大
2)	成本可由设计方、施工单位自行分担，业主单位投入小。业主单位将逐渐掌握 BIM 技术，这将是最合理的 BIM 应用范式	缺乏完整的 BIM 衔接，对建设方的 BIM 技术能力、协同能力要求较高。现阶段实现有价值的成果难度较大

序号	优　点	缺　点
3)	能更好地从设计统筹的角度发起,有助于把各专项设计进行统筹,帮助建设方解决建设目标不清晰的诉求	施工过程需要驻场,成本较高
4)	有助于培养业主自身的 BIM 能力	成本最高

4. 业主单位 BIM 项目管理的应用流程

业主单位作为项目的集成者、发起者,一定要承担项目管理组织者的责任,BIM 技术应用也是如此。业主单位不应承担具体的 BIM 技术应用,而应该从组织管理者的角度去参与 BIM 项目管理。

一般来说,业主单位的 BIM 项目管理应用流程如图 3-3 所示。

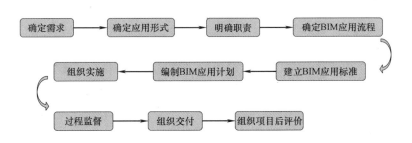

图 3-3　业主单位的 BIM 项目管理流程图

5. 业主单位 BIM 项目管理的节点控制

BIM 项目管理的节点控制就是要紧紧围绕 BIM 技术在项目管理中进行运用这条主线,从各环节的关键点入手,实现关键节点的可控,从而使整体项目管理 BIM 技术运用的质量得到提高,从而实现项目建设的整体目标。节点的选择,一般选择各利益相关方之间的协同点,选择 BIM 技术应用的阶段性成果,或选择与实体建筑相关的阶段性成果,将上述的交付关键点作为节点。针对关键节点,考核交付成果,并对交付成果进行验收,通过针对节点的有效管控,实现整体项目的风险控制。

3.1.2　勘察设计单位与 BIM 应用

1. 设计方的项目管理

作为项目建设的一个参与方,设计方的项目管理是主要服务于项目的整体利益和设计方本身的利益。设计方项目管理的目标包括设计的成本目标、进度目标、质量目标和项目建设的投资目标。项目建设的投资目标能否实现与设计工作密切相关。设计方的项目管理工作主要在设计阶段进行,但它也会向前延伸到设计前的准备阶段,向后延伸至设计后的施工阶段、动用前准备阶段和保修期等。

设计方项目管理的内容包括:

1) 与设计有关的安全管理(提供的设计文件需符合安全法规);2) 设计本身的成本控制和与设计工作有关的项目建设投资成本控制;3) 设计进度控制;4) 设计质量控制;5) 设计合同管理;6) 设计信息管理;7) 与设计工作有关的组织和协调。

2. 设计方 BIM 项目管理的应用需求

在设计方 BIM 项目管理工作中，一般来说，设计方对于 BIM 技术应用有以下主要需求，见表 3-3。

设计单位 BIM 项目管理的应用需求　　　　　　　　　　　表 3-3

序号	应用需求	具 体 内 容
1	增强沟通	通过创建模型，更好地表达设计意图，满足业主单位需求，减少因双方理解不同带来的重复工作和项目品质下降
2	提高设计效率	通过 BIM 三维空间设计技术，将设计和制图完全分开，提高设计质量和制图效率，整体提升项目设计效率
3	提高设计质量	利用模型及时进行专业协同设计，通过直观可视化协同和快速碰撞检查，把错漏碰缺等问题消灭在设计过程中，从而提高设计质量
4	可视化的设计会审和参数协同	基于三维模型的设计信息传递和交换将更加直观、有效，有利于各方沟通和理解
5	可以提供更多更便捷的性能分析	如绿色建筑分析应用，通过 BIM 模型，模拟建筑的声学、光学以及建筑物的能耗、舒适度，进而优化其物理性能

应用 BIM 技术可以实现的设计方需求如下：

（1）三维设计

BIM 技术是由三维立体模型表述，从初始就是可视化的、协调的，基于 BIM 的三维设计能够精确表达建筑的几何特征。在传统的设计模式中，方案设计、扩初设计和施工图设计之间是相对独立。而应用 BIM 技术之后，模型创建完成后自动生成平立剖面及大样详图，许多工作在模型的创建过程中已经完成。相对于二维绘图，三维设计不存在几何表达障碍，对任意复杂的建筑造型均能准确表现。某工程 BIM 三维立体模型表述如图 3-4 所示。

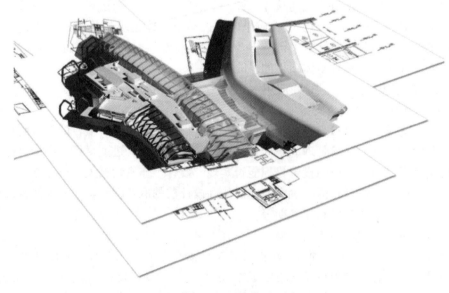

图 3-4　三维模型

（2）协同设计

协同设计是设计方技术更新的重要方向。通过协同技术建立一个交互式协同平台，在该平台上，所有专业设计人员协同设计，不仅能看到和分享本专业的设计成果，而且还能及时查阅其他专业的设计进程，从而减少目前较为常见的各专业之间（以及专业内部）由于沟通不畅或沟通不及时从而导致的错、漏、碰、缺，真正实现所有图纸信息元的单一性，实现一处修改其他自动修改，提升设计效率和设计质量。同时，协同设计也可以对设计项目的规范化管理起到重要作用，包括进度管理、文件管理、人员管理、流程管理、批量打印、分类归档等等。

BIM技术与协同技术是互相依赖、密不可分的整体，BIM的核心就是协同。BIM技术将与协同技术完美融合，共同成为设计手段和工具的一部分，大幅提升协同设计的技术含量。某工程多专业管线协同设计局部展示如图3-5所示。

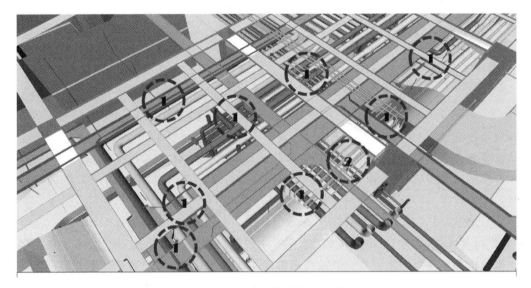

图3-5　多专业管线协同设计

（3）建筑性能化设计

随着信息技术和互联网思维的发展，促使现阶段的业主和居住者对建筑的使用及维护会表现出更多的期望。在这样的环境下，西方发达国家已经逐渐开始推行基于对象的、新式的"基于性能化"的建筑设计理念，使建筑行业变得更加由客户端驱动，提供更好的工程价值及客户满意度。

目前，已逐渐开展的性能化设计有景观可视度、日照、风环境、热环境、声环境等性能指标。这些性能指标一般在项目前期就已经基本确定，但由于缺少技术手段，一般项目很难有时间和费用对上述各种性能指标进行多方案分析模拟。BIM技术对建筑进行了数字化改造，借助计算机强大的计算功能，使得建筑性能分析的普及应用具备了可能。

（4）效果图及动画展示

设计方常常需要效果图和动画等工具来进行辅助设计成果表达。BIM系列软件的工作方式是完全基于三维模型的，软件本身已具有强大的渲染和动画功能，可以将专业、抽象的二维建筑表达直接三维直观化、可视化呈现，使得业主等非专业人员对项目功能性的

图 3-6　某行政服务中心设计
BIM 模型直接截图效果

判断更为明确、高效，决策更为准确，某方案 BIM 展示如图 3-6 所示。

（5）碰撞检测

BIM 技术在三维碰撞检查中的应用已经比较成熟，国内外也都有相关软件可以实现，如 Navisworks 软件，这些软件都是应用 BIM 可视化技术，在建造之前就可以对项目的土建、管线、工艺设备等进行管线综合及碰撞检查，不但能够彻底消除硬碰撞、软碰撞，优化工程设计，减少在建筑施工阶段可能存在的错误损失和返工的可能性，而且优化净空和管线排布方案。

（6）设计变更

设计变更是指设计单位依据建设单位要求调整，或对原设计内容进行修改、完善、优化。设计变更应以图纸或设计变更通知单的形式发出。

在建设单位组织的有设计单位和施工企业参加的设计交底会上，经施工企业和建设单位提出，各方研究同意而改变施工图的做法，属于设计变更，为此而增加新的图纸或设计变更说明都由设计单位或建设单位负责。而引入 BIM 技术后，利用 BIM 技术的参数化功能，可以直接修改原始模型，并可实时查看变更是否合理，减少变更后再次变更的情况，提高变更的质量。

3. 设计方 BIM 技术应用形式

目前，全国设计方 BIM 技术发展水平并不一致，有的设计方 BIM 设计中心已发展为数字服务机构，专职为建设方提供信息化咨询和技术服务，包括软件研发和平台研发，有的才刚刚开始了解 BIM 技术。BIM 技术在设计方主营业务领域应用形式主要是：1）已成立 BIM 设计中心多年，基本具备设计人直接使用 BIM 技术进行设计的能力；2）成立了 BIM 设计中心，由 BIM 设计中心与设计所结合，二维设计与 BIM 设计阶段应用同步进行；3）刚开始接触 BIM 技术，由咨询公司提供 BIM 技术培训、提供二维设计完成后的 BIM 翻模和咨询工作。上述三种形式分别称为 BIM 设计（设计 BIM2.0）、BIM 同步建模（设计 BIM1.5）和 BIM 翻模（设计 BIM1.0）。各种应用形式优缺点见表 3-4。

设计方各 BIM 应用形式的优缺点　　　　　　　　　　　　　　　　表 3-4

形式	优　　点	缺　　点
BIM 设计	设计师直接用 BIM 进行设计，模型和设计意图一致，设计质量高、效果好，项目成本低	企业前期需要大量积累，积累应用经验和技术人员，建立流程、制度和标准，前期投入大
BIM 同步建模	二维出图流程、时间不受影响，BIM 能为二维设计及时提供意见和建议，设计质量较高	二维设计成本没有降低，同时增加 BIM 设计人员投入，成本较高
BIM 翻模	二维出图流程、时间不受影响，投入低	模型和设计意图容易出现偏差

上述三种形式是现阶段设计方 BIM 技术应用的必经之路，待软件将流程、制度和标

准固化到软件模块内，软件成熟以后，设计方有可能直接进入 BIM 设计的环节。

4. 设计方的 BIM 技术的应用流程

与其他行业相比，建筑物的生产是基于项目协作的，通常由多个平行的利益相关方在较长的生命周期中协作完成。因此，建筑信息模型尤其依赖于在不同阶段、不同专业之间的信息传递标准，就是要建立一个在整个行业中通用的语义和信息交换标准，使不同工种的信息资源在建筑全生命周期中各个阶段都能得到很好地利用，保证业务协作可以顺利地进行。

BIM 技术的提出给设计流程带来了很大的改变。在传统的设计过程中各个设计阶段的设计沟通都是以图纸为介质，不同的设计阶段的不同内容分别体现在不同的图纸中，经常会出现信息不流通、设计不统一的问题。是传统的设计流程中各个阶段各个专业之间信息是有限共享的，无法实时更新，如图 3-7 所示。而通过 BIM 技术，从设计初期就将不同专业的信息模型整合到一起，改变了传统的设计流程，通过 BIM 模型这个载体，实现了设计过程中信息的实时共享，如图 3-8 所示。

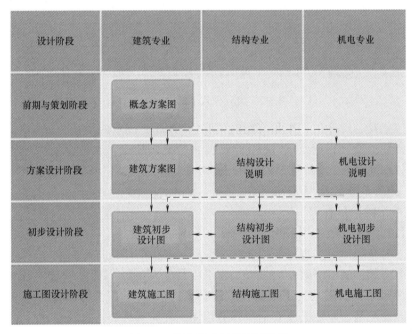

图 3-7 传统模式下的设计流程

BIM 技术促使设计过程从各专业点对点的滞后协同改变为通过同一个平台实时互动的信息协同方式。这种方式带来的改变不仅仅在交互方式上有着巨大优势，同样也带来了专业间配合的前置，使更多问题在设计前期得到更多的关注，从而大幅提高设计质量。

5. 设计方的 BIM 技术应用的核心

设计方无论采用何种 BIM 技术应用形式和技术手段、技术工具，应用的核心在于用 BIM 技术提高设计质量，完成 BIM 设计或辅助设计表达，为业主单位整体的项目管理提供有力有效的技术支持。所以，设计方 BIM 技术应用的核心是模型完整表达设计意图，与图纸内容一致，部分细节的表达深度，可能模型要优于二维图纸。

6. 勘察单位与 BIM 技术应用

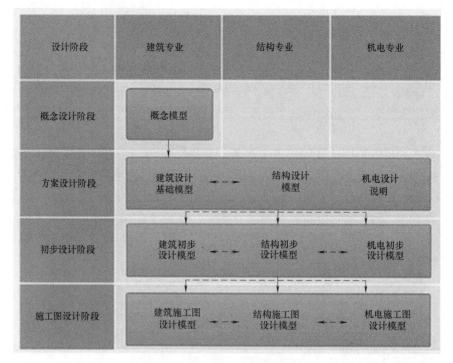

图 3-8　BIM 模式下的设计流程

勘察单位主要是野外土工作业与室内试验，与 BIM 技术的衔接主要是勘察基础资料和勘察成果文件提交，目前 BIM 应用于该领域的案例较少，有待于 BIM 技术应用普及后，勘察单位逐渐参与到 BIM 技术应用工作中来。

3.1.3　施工单位与 BIM 应用

1. 施工单位的项目管理

施工项目管理是以施工项目为管理对象，以项目经理责任制为中心，以合同为依据，按施工项目的内在规律，实现资源的优化配置和对各生产要素进行有效地计划、组织、指导、控制，取得最佳的经济效益的过程。施工项目管理的核心任务就是项目的目标控制，施工项目的目标界定了施工项目管理的主要内容，就是"三控三管一协调"，即成本控制、进度控制、质量控制、职业健康安全与环境管理、合同管理、信息管理和组织协调。

2. 施工单位 BIM 项目管理的应用需求

施工单位是项目的最终实现者、是竣工模型的创建者，施工企业的关注点是现场实施，关心 BIM 如何与项目结合、如何提高效率和降低成本，因此，施工单位对于 BIM 的需求见表 3-5。

施工单位 BIM 项目管理的应用需求　　　　　　　　　　　　　　　表 3-5

序号	应用需求	具体内容
1	理解设计意图	可视化的设计图纸会审能帮助施工人员更快、更好地解读工程信息，并尽早发现设计错误，及时进行设计联络
2	降低施工风险	利用模型进行直观的"预施工"，预知施工难点，更大程度地消除施工的不确定性和不可预见性，保证施工技术措施的可行、安全、合理和优化

序号	应用需求	具体内容
3	把握施工细节	在设计方提供的模型基础上进行施工深化设计,解决设计信息中没有体现的细节问题和施工细部做法,更直观、更切合实际地对现场施工工人进行技术交底
4	更多的工厂预制	为构件加工提供最详细的加工详图,减少现场作业、保证质量
5	提供便捷的管理手段	利用模型进行施工过程荷载验算、进度物料控制、施工质量检查等

施工单位 BIM 技术具体应用内容详见第 6 章,本小节仅针对施工模型建立、施工质量、进度、成本、安全几个方面进行简要介绍。

(1)施工模型建立

施工前,施工单位施工组织设计技术人员需要先进行详细的施工现场查勘,重点研究解决施工现场整体规划、现场进场位置、卸货区的位置、起重机械的位置及危险区域等问题,确保建筑构件在起重机械安全有效范围作业;施工工法通常由工程产品和施工机械的使用决定,现场的整体规划、现场空间、机械生产能力、机械安拆的方法又决定施工机械的选型;临时设施是为工程施工服务的,它的布置将影响到工程施工的安全、质量和生产效率。

鉴于上述原因,施工前根据设计方提供的 BIM 设计模型,建立包括建筑构件、施工现场、施工机械、临时设施等在内的施工模型。基于该施工模型,可以完成以下内容:基于施工构件模型,将构件的尺寸、体积、重量、材料类型、型号等记录下来,然后针对主要构件选择施工设备、机具,确定施工单位法;基于施工现场模型,模拟施工过程、构件吊装路径、危险区域、车辆进出现场状况、装货卸货情况等,直观、便利的协助管理者分析现场的限制,找出潜在的问题,制定可行的施工单位法;基于临时设施模型,能够实现临时设施的布置及运用,帮助施工单位事先准确地估算所需要的资源、评估临时设施的安全性、是否便于施工以及发现可能存在的设计错误;整个施工模型的建立,能够提高效率、减少传统施工现场布置方法中存在漏洞的可能,及早发现施工图设计和施工单位案的问题,提高施工现场的生产率和安全性。

(2)施工质量管理

一方面,业主是工程高质量的最大受益者,也是工程质量的主要决策人,但由于受专业知识局限,业主同设计人员、监理人员、承包商之间的交流存在一定困难。BIM 为业主提供形象的三维设计,业主可以更明确地表达自己对工程质量的要求,如建筑物的色泽、材料、设备要求等,有利于各方开展质量控制工作。

另一方面,BIM 是项目管理人员控制工程质量的有效手段。由于采用 BIM 设计的图纸是数字化的,计算机可以在检索、判别、数据整理等方面发挥优势。而且利用 BIM 模型和施工方案进行虚拟环境数据集成,对建设项目的可建设性进行仿真试验,可在事前发现质量问题。

(3)施工进度管理

在 BIM 三维模型信息的基础上,增加一维进度信息,我们将这种基于 BIM 的管理称为 4D 管理。从目前看,BIM 技术在工程进度管理上有三方面应用:

首先,是可视化的工程进度安排。建设工程进度控制的核心技术,是网络计划技术。

目前，该技术在我国利用效果并不理想。在这一方面BIM有优势，通过与网络计划技术的集成，BIM可以按月、周、天直观地显示工程进度计划。另一方面便于工程管理人员进行不同施工方案的比较，选择符合进度要求的施工单位案；同时，也便于工程管理人员发现工程计划进度和实际进度的偏差，及时进行调整。

其次，是对工程建设过程的模拟。工程建设是一个多工序搭接、多单位参与的过程。工程进度总计划，是由多个专项计划搭接而成的。传统的进度控制技术中，各单项计划间的逻辑顺序需要技术人员来确定，难免出现逻辑错误，造成进度拖延；而通过BIM技术，用计算机模拟工程建设过程，项目管理人员更容易发现在二维网络计划技术中难以发现的工序间逻辑错误，优化进度计划。

最后，是对工程材料和设备供应过程的优化。当前，项目建设过程越来越复杂，参与单位越来越多，如何安排设备、材料供应计划，在保证工程建设进度需要的前提下，节约运输和仓储成本，正是"精益建设"的重要问题。BIM为精益建设思想提供了技术手段。通过计算机的资源计算、资源优化和信息共享功能，可以达到节约采购成本，提高供应效率和保证工程进度的目的。

（4）施工成本管理

在4D的基础上，加入成本维度，被称为5D技术，5D成本管理也是BIM技术最有价值的应用领域。在BIM出现以前，在CAD平台上，我国的一些造价管理软件公司已对这一技术进行了深入的研发，而在BIM平台上，这一技术可以得到更大的发展空间，主要表现在以下4个方面：

首先，BIM使工程量计算变得更加容易。在BIM平台上，设计图纸的元素不再是线条，而是带有属性的构件。也就不再需要预算人员告诉计算机它画出的是什么东西了，"三维算量"实现了自动化。

其次，BIM使成本控制更易于落实。运用BIM技术，业主可以便捷准确地得到不同建设方案的投资估算或概算，比较不同方案的技术经济指标。而且，项目投资估算、概算亦比较准确，能够降低业主不可预见费比率，提高资金使用效率。同样，BIM的出现可以让相关管理部门快速准确地获得工程基础数据，为企业制定精确的"人材机"计划提供有效支撑，大大减少了资源、物流和仓储环节的浪费，为实现限额领料、消耗控制提供了技术支撑。

再则，BIM有利于加快工程结算进程。工程实施期间进度款支付拖延的一个主要原因在于工程变更多、结算数据存在争议。BIM技术有助于解决这个问题。一方面，BIM有助于提高设计图纸质量，减少施工阶段的工程变更；另一方面，如果业主和承包商达成协议，基于同一BIM进行工程结算，结算数据的争议会大幅度减少。

最后，多算对比及有效管控。管理的支撑是数据，项目管理的基础就是工程基础数据的管理，及时、准确地获取相关工程数据就是项目管理的核心竞争力。BIM数据库可以实现任一时点上工程基础信息的快速获取，通过合同、计划与实际施工的消耗量、分项单价、分项合价等数据的多算对比，可以有效了解项目运营是盈是亏、消耗量有无超标、进货分包单价有无失控等问题，实现对项目成本风险的有效管控。

（5）施工安全管理

BIM具有信息完备性和可视化的特点，BIM在施工安全管理方面的应用主要体现在以下三个方面：

首先，将 BIM 当作数字化安全培训的数据库，可以达到更好的效果。对施工现场不熟悉的新工人在了解现场工作环境前都有较高风险遭受伤害。BIM 能帮助他们更快和更好地了解现场的工作环境。不同于传统的安全培训，利用 BIM 的可视化和与实际现场相似度很高的特点，可以让工人更直观和准确地了解到现场的状况，从而制定相应的安全工作策略。

其次，BIM 还可以提供可视化的施工空间。BIM 的可视化是动态的，施工空间随着工程的进展会不断地变化，它将影响到工人的工作效率和施工安全。通过可视化模拟工作人员的施工状况，可以形象地看到施工工作面、施工机械位置的情形，并评估施工进展中这些工作空间的可用性、安全性。

最后，仿真分析及健康监测。对于复杂工程，在施工中如何考虑不利因素对施工状态的影响并进行实时的识别和调整、如何合理准确地模拟施工中各个阶段结构系统的时变过程、如何合理的安排施工和进度、如何控制施工中结构的应力应变状态处于允许范围内，都是目前建筑领域所迫切需要研究的内容与技术。通过 BIM 相关软件可以建立结构模型，并通过仪器设备将实时数据传回，然后进行仿真分析，追踪结构的受力状态，杜绝安全隐患。

3. 施工单位的 BIM 技术应用形式

目前，全国施工单位的 BIM 技术发展水平并不一致，有的施工单位经过多年多个项目的 BIM 技术应用，已经找到了 BIM 技术在施工单位的应用方向，将 BIM 中心升级为施工深化设计中心，具体的项目管理应用由中心配合项目管理部组织，各分包分别应用，最终集成的服务方式，但还有的企业才刚刚开始了解 BIM 技术。这里，就 BIM 技术在施工这一环节常见的应用形式见表 3-6。

BIM 技术在施工中常见的应用形式　　　　　　　　　　　　　　表 3-6

序号	应 用 形 式
1	成立施工深化设计中心,由中心负责承建设计 BIM 模型或搭建 BIM 设计模型,基于 BIM 技术进行深化设计,由中心配合项目部组织具体施工过程 BIM 技术实施
2	成立集团协同平台,对下属项目提供软、硬件及云技术协同支持
3	委托 BIM 技术咨询公司,同步培训并咨询,在项目建设过程中摸索 BIM 技术对于项目管理的支持
4	完全委托 BIM 技术咨询公司,进行投标阶段 BIM 技术应用,被动解决建设方 BIM 技术要求
5	提供便捷的管理手段,利用模型进行施工过程荷载验算、进度物料控制、施工质量检查等

上述几种形式都是现阶段施工单位 BIM 技术应用的常见形式，具体采用何种形式，可根据施工单位企业规模、人员规模、市场规模等因素，综合判定确定。

4. 施工单位的 BIM 技术常见应用内容

根据不同的应用深度，可分为 A、B、C 三个等级，如图 3-9 所示，其中 C 级主要集中于模型应用，从深化设计、施工策划、施工组织，从完善、明确施工标的物的角度进行各业务点 BIM 技术应用。B 级在 C 级基础上，增加了基于模型进行技术管理的内容，如进度管理、安全管理等项目管理内容。A 级则基本包含了目前的施工阶段 BIM 技术应用，既包含了 B 级、C 级应用深度，也包含了三维扫描、放线、协同平台等更广泛的 BIM 技术应用。

序号	应用点	不同应用深度		
		A	B	C
一	施工准备阶段			
1.1	补充施工组织模型、场地布置	●	●	●
1.2	BIM审图、碰撞检查	●	●	●
1.3	根据分包合同拆分设计模型	●	●	●
1.4	管线排布、净空优化、深化设计	●	●	●
1.5	三维交底	●	●	●
1.6	重要节点施工模拟、虚拟样板	●	●	●
1.7	工程量统计并与进度计划关联	●	●	
1.8	进度模拟（4D）	●	●	
1.9	进度、资金模拟（5D）	●		
1.10	构件编码体系建立	●		
1.11	信息平台部署	●		
二	建造实施阶段			
2.1	月形象进度报表	●	●	●
2.2	月工程量统计报表（设备与材料管理）	●	●	●
2.3	施工前图模会审、工程量分析	●	●	●
2.4	施工后模型更新、信息添加	●	●	●
2.5	分包单位模型管理	●	●	●
2.6	专项深化设计模型协同	●	●	●
2.7	阶段性模型交付	●	●	●
2.8	移动应用	●	●	●
2.9	进度跟踪管理（4D）	●	●	●
2.10	安全可视化管理	●	●	
2.11	进度、资金跟踪管理（5D）	●		
2.12	三维放线、定位	●		
2.13	三维扫描	●		
2.14	信息化协同	●		
2.15	信息化施工管理	●		
三	竣工交付阶段			
3.1	竣工模型交付	●	●	●
3.2	竣工数据提取	●	●	
3.3	竣工运维平台	●		
四	其他			

图 3-9 施工单位的 BIM 应用形式

3.1.4 监理咨询单位与 BIM 应用

项目管理过程中常见的监理咨询单位有监理单位、造价咨询单位和招标代理单位等，也有新兴的 BIM 咨询单位，这里仅以与 BIM 技术应用更为紧密的监理单位、造价咨询单位、BIM 咨询单位进行介绍。

1. 项目管理中的监理单位工作特征

工程监理的委托权由建设单位拥有，建设单位为了选取有资格和能力并且与施工现状相匹配的工程监理单位，一般以招标的形式进行选择，通过有偿的方式委托这些机构对施工进行监督管理；工程监理工作涉及范围大，监理单位除了工程质量之外，还需要对工程的投资、工程进度、工程安全等诸多方面进行严格监督和管理；监理范围由工程监理合同、相关的法律规定、相对应的技术标准、承发包合同决定；工程监理单位在建立过程中具有相对独立性，维护的其不仅仅是建设单位的利益，还需要公正地考虑施工单位的利益；工程监理是施工单位和建设单位之间的桥梁，各个相关单位之间的协调沟通离不开工程监理单位。

2. 监理方 BIM 项目管理的应用需求

从监理单位的工作特征可以看出，监理单位是受业主方委托的专业技术机构，在项目管理工作中执行建设过程监督和管理的职责。如果按照理论的监理业务范围，监理业务包含了设计阶段、施工阶段和运维阶段，甚至包含了投资咨询和全过程造价咨询，但通常的监理服务内容往往仅包含了建造实施阶段的监督和管理，本书中对于监理方 BIM 项目管理的介绍局限于通常的监理服务内容，将监理单位和造价咨询单位分开介绍，如监理单位也承担造价咨询业务，结合造价咨询单位部分的 BIM 介绍，共同理解。

正因为监理单位不是实施方，而 BIM 技术目前尚在实践、探索阶段，还未进入规范化应用、标准化应用的环节，所以，目前 BIM 技术在监理单位的应用还不普遍。但如果按照项目管理的职责要求，一旦 BIM 技术规范开始应用，监理单位仍将代表建设方监督和管理各参建单位的 BIM 技术应用。

鉴于目前已有大量项目开始 BIM 技术应用，监理单位目前在 BIM 技术应用领域应从两个方向开展技术储备工作：

1）大量接触和了解 BIM 应用技术，储备 BIM 技术人才，具备 BIM 技术应用监督和管理的能力。

2）作为业主方的咨询服务单位，能为业主方提供公平公正的 BIM 实施建议，具备编制 BIM 应用规划的能力。

3. 造价咨询单位的 BIM 技术应用

造价咨询单位在工程造价咨询是指面向社会接受委托，承担工程项目的投资估算和经济评价、工程概算和设计审核、标底和报价的编制和审核、工程结算和竣工决算等业务工作。

造价咨询单位的服务内容，总体而言，包含两部分：一是具体编制工作，二是审核工作。这两部分内容的核心都是工程量与价格（价格包含清单价、市场价等）。其中工程量包含设计工程量和施工现场实际实施动态工程量。

BIM 技术的引入，将对造价咨询单位在整个建设全生命期项目管理工作中对工程量的管控发挥质的提升。

（1）算量建模工作量将大幅度减少。因为承接了设计模型，传统的算量建模工作将变为模型检查、补充建模（如钢筋、电缆等），传统建模体力劳动将转变为对基于算量模型规则的模型检查和模型完善。

（2）大幅度提高算量效率。传统的造价咨询模式是待设计完成后，根据施工图纸进行算量建模，根据项目的大小，少则一周，多则数周，然后计价出件。算量建模工作量减少后，将直接减少造价咨询时间，同时，算量成果还能在软件中与模型构件——对应，便于快捷的直观检验成果。

（3）将减轻企业负担，形成以核心技术人员和服务经理组成的企业竞争模式。传统造价咨询行业，算量建模人员数量占据了企业主要人员规模。BIM技术应用推广以后，算量建模将不再是造价咨询企业的人力资源重要支出，丰富的数据资源库、项目经验积累、资深的专业技术人员，将是造价咨询企业的核心竞争力。

（4）单个项目的造价咨询服务将从节点式变为伴随式。BIM技术推广应用后，造价咨询行业的参与度将不再局限于预算、清单、变更评估、结算阶段。项目进度评估、项目赢得值分析、项目预评估，均需要造价咨询专业技术支持；同时，项目管理、计价是一项复杂的工程，涵盖了定额众多子项和市场信息调价，过程中存在众多的暗门，必须有专业的软件应用人员和造价咨询专家技术支持。造价咨询行业将延伸到项目现场，延伸到项目建设全过程，与项目管理高度融合，提供持续的造价咨询技术服务。

4. BIM咨询顾问的BIM技术应用

在BIM技术应用初期，BIM咨询顾问多由软件公司担当，在BIM技术推广应用方面功不可没。从长远来看，以CAD甩图板为例，纯BIM技术的咨询顾问公司将不再独立存在，但在相当长的一段时间内，两种类型的BIM咨询顾问，仍将长期存在，如图3-10所示。

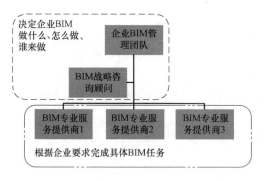

图3-10　BIM咨询类型

第一类BIM咨询顾问可以称之为"BIM战略咨询顾问"，其基本职责是企业自身BIM管理决策团队的一部分，和企业BIM管理团队一起帮助决策层决定该企业的BIM应该做什么、怎么做、找谁来做等问题，通常BIM战略咨询顾问只需要一家，如果有多家的话虽然理论上可行但实际操作起来可能比没有还麻烦。BIM战略咨询顾问对企业要求较高，要求其对项目管理实施规划、BIM技术应用、项目管理各阶段工作、各利益相关方工作内容，均要精通且熟练。

第二类BIM咨询顾问是根据需要帮助企业完成企业自身目前不能完成的各类具体

BIM任务的"BIM专业服务提供商",一般情况下企业需要多家BIM专业服务提供商。首先因为没有一家BIM咨询顾问能在每一项BIM应用上都做到最好,再者同样的BIM任务通过不同BIM专业服务提供商的比较,企业可以得到性价比更高的服务。

目前,BIM咨询顾问尚无资质要求,理论上,可对项目管理任意一方提供BIM技术咨询服务,但在实际操作过程中,企业往往根据BIM咨询顾问的人员技术背景、人员技术实力、企业业绩,选择合适的BIM咨询顾问合作。

3.1.5　供货单位与BIM应用

1. 供货单位的项目管理

供货单位作为项目建设的一个参与方,其项目管理主要服务于项目的整体利益和供货单位本身的利益。其项目管理的目标包括供货单位的成本目标、供货的进度目标和供货的质量目标。

供货单位的项目管理工作主要在施工阶段进行,但它也涉及设计准备阶段、设计阶段、动用前准备阶段和保修期。

供货单位项目管理的任务包括:

(1) 供货的安全管理;

(2) 供货单位的成本控制;

(3) 供货的进度控制;

(4) 供货的质量控制;

(5) 供货合同管理;

(6) 供货信息管理;

(7) 与供货有关的组织与协调。

2. 供货单位项目管理的BIM应用需求

在建筑全生命周期项目管理流程中,供货单位的BIM应用需求主要来自于以下4个方面,见表3-7。

供货单位BIM项目管理的应用需求　　　　　　　　　　　　　　表3-7

序号	应用需求	具 体 内 容
1	设计阶段	提供产品设备全信息BIM数据库,配合设计样板进行产品、设备设计选型
2	招投标阶段	根据设计BIM模型,匹配符合设计要求的产品型号,并提供对应的全信息模型
3	施工建造阶段	配合施工单位,完成物流追踪;提供合同产品、设备的模型,配合进行产品、设备吊装或安装模拟;根据施工组织设计BIM指导,配送产品、货物到指定位置
4	运维阶段	配合维修保养,配合运维管控单位及时更新BIM数据库

3.1.6　运维单位与BIM应用

1. 运维单位与项目管理

常规项目开发建设最长3～5年,而运维单位管理工作则长达50～70年,甚至上百年。工程建设与物业管理是密不可分的,正确处理好工程建设与物业管理的关系,搞好建管衔接是确保建筑全生命周期使用周期内"长治久安"的大事。在一些新建住宅小区,之所以出现"一年新、二年破、三年乱"的现象,业主入住初期就有大量的投诉和报修,以及物业管理前期介入开发建设的全过程难于落实,从根本上讲,主要是还没有找到开发建设与物业管理有效衔接的途径和手段。

建筑物作为耐用不动产，其使用周期是所有消费商品中寿命最长的一种。由于它在长期的使用过程中具有自身需要维护、保养的特点，又有其居住主人（物业所有权人和物业使用权人）不断接受服务（特殊商品）的需求，同时，它还具有美化环境和装点城市的功能。这些远不是作为物质形态的房产可以独立完成的，必须辅之以管理、服务。这种服务并不是简单的维修和保养，而是一种综合的、高层次的管理和服务。尤其重要的是，管理服务必须是经常性的。

以下就住宅小区物业管理与开发建设过程中一些主要环节，介绍运维单位与项目管理之间的关系。

1）规划设计阶段的物业前期介入

规划设计作为住宅小区开发建设前期工作的重要环节，对于住宅小区的形成起着决定性作用。在进行规划时，不仅要从住宅区的总体布局、使用功能、环境布置来安排，而且要对物业管理所涉及的问题加以考虑。现状是开发商在规划设计时较少考虑到日后物业管理的因素，往往导致了住宅小区设施配套不全、安全管理不善，给管理带来了许多不便。一些发达城市小区管理得好，首先是规划设计搞得好，如小区封闭管理的形式、垃圾点的设置、监控防盗系统的配置、园林绿化和硬化美化的设计、物业管理办公和经营性用房的定位等，都考虑得非常周到，为日后的物业管理提供了极为有利的条件，只有这样才能使住宅小区在几十年的使用周期内实现物业管理运营的良性循环。

2）工程建设阶段的物业监督

在住宅小区建设阶段，施工质量直接关系到小区将来使用功能的正常发挥。抓好小区建设的施工质量不仅关系到住户的切身利益，也关系到日后物业管理的难易，应是物业管理的重要内容，所以物业需配合工程建设参与工程监督：物业是以住户的身份代表业主利益检验工程质量，避免为验收而验收；能及早地从今后管理的角度监督建设施工单位严格地按规划设计原意进行建设，及时制止一些建设单位不顾小区今后管理的难度和广大业主的利益而随意改变规划设计现象的发生；能使物业了解房屋建设结构及各种管线的埋设，收集整理好小区建设的基本情况和有关资料，在业主入住前，为住宅区的装修管理和水电、土建维修提供方便，使建设寓于管理之中，为全面管理好小区打好基础。

3）接管前的承接查验

物业管理单位参加单项工程验收和小区综合竣工验收是住宅小区整体物业接管前对建设单位的最后一个制约环节，对未按规划设计建设配套设施和物业管理设施的行为，物业管理单位有权要求建设单位补建或完善，从而确保物业管理前提条件的落实。在物业验收中严格把关，对即将接管的小区认真做好使用功能的核查，对各种设备、管线都逐一检查并做好登记，办理交接手续，建立移交档案，与开发建设单位签订《前期物业管理服务协议》，从法律上讲完成建管交接。验收的主要内容包括分户验收、设备验收、配套验收、公区验收等。

4）综合竣工验收后的项目移交接管

住宅小区综合竣工验收后标志着开发建设单位的工程建设任务的完成，物业管理单位在这个阶段要全面的介入前期管理。前期物业管理是指从房屋竣工交付使用销售之日至业主委员会成立之日的管理，按照有关规定新建住宅小区入住率达到50%以上时才具备成立业主委员会的条件。因此从小区竣工到业主委员会成立一般要2～3年的时间，在这期间物业管理企业实施前期物业管理是避免建管脱节的重要举措，首先要做好与开发单位的移交工作，移交主要包括资料移交、物品移交、工程移交等。其次，在小区竣工交付后的前期物业管理阶段，虽然开发建设单位的工程建设任务完成了，但一般情况下，其住宅销售正值高峰期，通过实施优质的物业管理服务一方面能够增强购房者的信心，另一方面已经购房的业主对物业管理的满意度也能够对相关群体产生潜在的购房消费需求，起到促销的作用，并能加快开发单位投资回收的速度。这也体现了物业管理反作用于开发建设的特性。

综上所述，住宅小区的物业管理与开发建设的各个环节有着内在的联系，开发建设单位为购房人提供了住宅产品消费，物业管理单位为购房人提供了物业服务消费，从维护消费者权益的角度无论是提供住宅产品的开发商还是提供服务行为的物业管理，其根本目的是一致的，那就是让业主（消费者）享有优良的产品和优质的服务，因此住宅小区的开发建设和物业管理是相互依存、相互促进的关系。

2. 运维单位BIM项目管理的应用需求

结合运维单位在建筑全生命周期项目管理流程中的特点，运维单位的BIM应用需求主要来自于以下4个方面，见表3-8。

运维单位BIM项目管理的应用需求   表3-8

序号	应 用 需 求
1	BIM技术可以用更好、更直观的技术手段参与规划设计阶段
2	BIM技术应用帮助提高设计成果文件品质，并能及时的统计设备参数，便于前期运维成本测算，从运维角度为设计方案决策提供意见和建议
3	施工建造阶段，运用BIM技术直观检查计划进展、参与阶段性验收和竣工验收，保留真实的设备、管线竣工数据模型
4	运维阶段，帮助提高运维质量、安全、备品备件周转和反应速度，配合维修保养，及时更新BIM数据库

3.1.7 政府监管机构与BIM应用

1. 政府监管机构的项目管理

政府监管机构并不参与具体的项目建设，主要负责监督管理建设项目中与本机构职能相关的内容，涉及建设工程项目管理的政府监管部门有很多，这里仅列举部分政府机构，见表3-9。

参与项目管理的政府机构及其职责   表3-9

单 位	职 责
发改委	项目核准、备案及验收
安全监督管理局	安全评价及验收
环境保护局	环境影响评价及验收
水利局	水土保持评价及验收
文物管理局	地下文物钻探
矿产管理局	压覆矿产评价
地震局	地震安全评价

单　　位	职　　责
卫生局	劳动安全卫生评价及验收
武警消防	消防审查及验收
质量监督管理局	特种设备检验
档案局	档案验收
国土资源局	征地
林业局	涉及林地的手续办理
人防办	人民防空手续办理
气象局	防雷接地审查及验收
电业局	供电总体方案审查及增容费收取
审计局	项目竣工验收审计
规划管理局	项目规划管理
劳动和社会保障局	劳动防护审查及验收
质监站、安监站	建设工程质量和安全监督

2. 政府监管机构的 BIM 应用需求

政府监管机构的 BIM 应用需求主要是本机构需要的模型和数据信息，从数据统一真实的角度，政府监管机构希望这部分模型和数据信息来源于一个完整的 BIM 模型数据库的一部分，而不是虚假的，针对该机构的、与其他机构掌握的信息有冲突的专属 BIM 模型和数据。

3.2　BIM 在项目管理中的协同

3.2.1　协同的概念

协同即协调两个或者两个以上的不同资源或者个体，协同一致地完成某一目标的过程或能力。项目管理中由于涉及参与的各个专业较多，而最终的成果是各个专业成果的综合，这个特点决定了项目管理中需要密切的配合和协作。由于参与项目的人员因专业分工或项目经验等各种因素的影响，实际工程中经常出现因配合未到位而造成的工程返工甚至工程无法实现而不得不变更设计的情况。故在项目实施过程中对各参与方在各阶段进行信息数据协同管理意义重大。

以下从 CAD 时代和 BIM 时代两个时段对协同方式的改变进行简单介绍。

1. CAD 时代的协同方式

在平面 CAD 时代，一般的设计流程是各专业先将本专业的信息条件以电子版和打印出的纸质文件的形式发送给接收专业，接收专业将各文件落实到本专业的设计图中，然后再进一步的将反馈资料提交给原提交条件的专业，最后会签阶段再检查各专业的图纸是否满足设计要求。在施工阶段，由施工单位根据设计单位提供的图纸信息进行项目工程施工。在竣工阶段，业主方根据图纸对工程完成情况进行逐项核对。这些过程都是单向进行的，并且是阶段性的，故各专业的信息数据不能及时有效的传达。

一些信息化设施比较好的设计公司，利用公司内部的局域网系统和文件服务器，采用参考链接文件的形式，保持设计过程中建筑底图的及时更新。但这仍然是一个单向的过程，结构、机电向建筑反馈条件仍然需要提供单独的条件图。

2. BIM时代的协同方式

基于BIM技术创建三维可视化高仿真模型，各个专业设计的内容都以实际的形式存在于模型中。各参与方在各阶段中的数据信息可输入模型中，各参与方可根据模型数据进行相应的工作任务，且模型可视化程度高便于各参与方之间的沟通协调，同时也利于项目实施人员之间的技术交底和任务交接等，大大减少了项目实施中由于信息和沟通不畅导致的工程变更和工期延误等问题的发生，很大程度上提高了项目实施管理效率，从而实现项目的可视化、参数化、动态化协同管理。另外，基于BIM技术的协同平台的利用，实现了各信息、人员的集成和协同，大大提高了项目管理的效率。

3.2.2　协同的平台

为了保证各专业内和专业之间信息模型的无缝衔接和及时沟通，BIM项目需要在一个统一的平台上完成。这个平台可以是专门的平台软件，也可以利用Windows操作系统实现。协同平台具有以下几种功能。

1. 建筑模型信息存储功能

建筑领域中各部门各专业设计人员协同工作的基础是建筑信息模型的共享与转换，这同时也是BIM技术实现的核心基础。所以，基于BIM技术的协同平台应具备良好的存储功能。目前在建筑领域中，大部分建筑信息模型的存储形式仍为文件存储，这样的存储形式对于处理包含大量数据、改动频繁的建筑信息模型效率是十分低下的，更难以对多个项目的工程信息进行集中存储。而在当前信息技术的应用中，以数据库存储技术的发展最为成熟、应用最为广泛。并且数据库具有存储容量大、信息输入输出和查询效率高、易于共享等优点，所以协同平台采用数据库对建筑信息模型进行存储，从而可以解决上文所述的当前BIM技术发展所存在的问题。

2. 具有图形编辑平台

在基于BIM技术的协同平台上，各个专业的设计人员需要对BIM数据库中的建筑信息模型进行编辑、转换、共享等操作。这就需要在BIM数据库的基础上，构建图形编辑平台。图形编辑平台的构建可以对BIM数据库中的建筑信息模型进行更直观地显示，专业设计人员可以通过它对BIM数据库内的建筑信息模型进行相应的操作。不仅如此，存储整个城市建筑信息模型的BIM数据库与GIS（Geographic Information System，地理信息系统）、交通信息等相结合，利用图形编辑平台进行显示，可以实现真正意义上的数字城市。

3. 兼容建筑专业应用软件

建筑业是一个包含多个专业的综合行业，如设计阶段，需要建筑师、结构工程师、暖通工程师、电气工程师、给水排水工程师等多个专业的设计人员进行协同工作，这就需要用到大量的建筑专业软件，如结构性能计算软件、光照计算软件等。所以，在BIM协同平台中，需兼容专业应用软件以便于各专业设计人员对建筑性能的设计和计算。

4. 人员管理功能

由于在建筑全生命周期过程中有多个专业设计人员的参与，如何能够有效地管理是至关重要的。通过此平台可以对各个专业的设计人员进行合理的权限分配、对各个专业的建筑功能软件进行有效的管理、对设计流程、信息传输的时间和内容进行合理的分配，从而实现项目人员高效的管理和协作。

下面以某施工单位在项目实施过程中的协同平台为例，对协同平台的功能和相关工作做具体介绍。

某施工总承包单位为有效协同各单位各项施工工作的开展，顺利执行 BIM 实施计划，组织协调工程其他施工相关单位，通过自主研发 BIM 平台实现了协同办公。协同办公平台工作模块包括：族库管理模块、模型物料模块、采购管理模块、统计分析模块、数据维护模块、工作权限模块、工程资料模块。所有模块通过外部接口和数据接口进行信息的提取、查看、实时更新数据。在 BIM 协同平台搭建完毕后，邀请发包方、设计及设计顾问、QS 顾问、监理、专业分包、独立承包商和供应商等单位参加并召开 BIM 启动会。会议应明确工程 BIM 应用重点、协同工作方式、BIM 实施流程等多项工作内容。该项目基于BIM 的协同工作页面如图 3-11 所示。

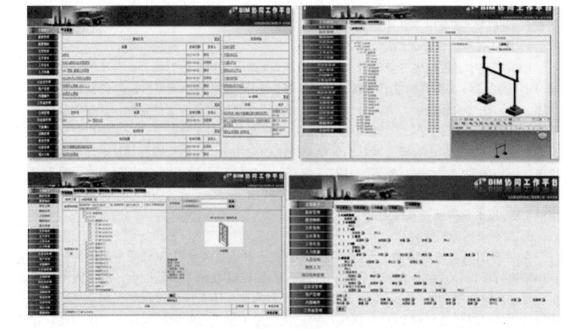

图 3-11　协同平台页面

3.2.3　项目各方的协同管理

项目在实施过程中各参与方较多（图 3-12），且各自职责不同，但各自的工作内容之间却联系紧密，故各参与方之间良好的沟通协调意义重大。项目各参与方之间的协同合作有利于各自任务内容的交接，避免不必要的工作重复或工作缺失而导致的项目整体进度延误甚至工程返工。一般基于 BIM 技术的各参与方协同应用主要包括基于协同平台的信息、职责管理和会议沟通协调等内容。

1. 基于协同平台的信息管理

协同平台具有较强的模型信息存储能力，项目各参与方通过数据接口将各自的模型信息数据输入到协同平台中进行集中管理，一旦某个部位发生变化，与之相关联的工程量、

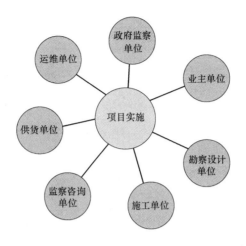

图 3-12　项目各参与方图

施工工艺、施工进度、工艺搭接、采购单等相关信息都自动发生变化，且在协同平台上采用短信、微信、邮件、平台通知等方式统一告知各相关参与方，各方只需重新调取模型相关信息，便轻松完成了数据交互的工作。项目 BIM 协同平台信息交互共享如图 3-13所示。

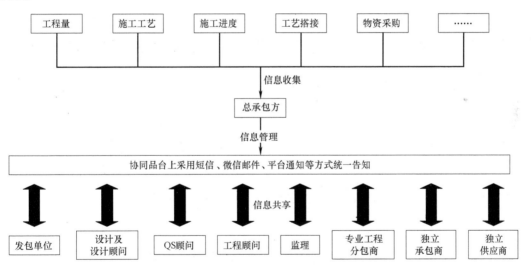

图 3-13　项目 BIM 协同平台信息交互共享示意图

2. 基于协同平台的职责管理

面对工程专业复杂、体量大，专业图纸数量庞大的工程，利用 BIM 技术，将所有的工程相关信息集中到以模型为基础的协同平台上，依据图纸如实进行精细化建模，并赋予工程管理所需的各类信息，确保出现变更后，模型及时更新。同时为保证本工程施工过程中 BIM 的有效性，对各参与单位在不同施工阶段的职责进行划分，让每个参与者明白自己在不同阶段应该承担的职责和完成的任务，与各参与单位进行有效配合，共同完成BIM 的实施。

某工程项目实施施工阶段中各参与方职责划分见表 3-10。

施工阶段	甲方	设计方	总包BIM	分包
低区(1～36层)结构施工阶段	监督BIM实施计划的进行;签订分包管理办法	与甲方、总包方配合,进行图纸深化,并进行图纸签认	模型维护,方案论证,技术重难点的解决	配合总包BIM对各自专业进行深化和模型交底
高区(36层上)结构施工阶段				
装饰装修机电安装施工阶段	监督BIM实施计划的进行;签订分包管理办法,进行模型确认	与甲方、总包方配合,进行图纸深化,并进行图纸签认	施工工艺模型交底,工序搭接,样板间制作	按照模型交底进行施工
系统联动调试、试运行	模型交付	竣工图纸的确认	模型信息整理、模型交付	模型确认

表 3-10 某工程各参与方职责划分

在对项目各参与方职责划分后,根据相应职责创建"告示板"式团队协作平台,项目组织中的BIM成员根据权限和组织构架加入协同平台,在平台上创建代办事项、创建任务,并可做任务分配,也可对每项任务创建一个卡片,可以包括活动、附件、更新、沟通内容等信息。团队人员可以上传各自创建的模型,也可随时浏览其他团队成员上传的模型,发布意见,进行便捷的交流,并使用列表管理方式,有序地组织模型的修改、协调,支持项目顺利进行(图3-14)。

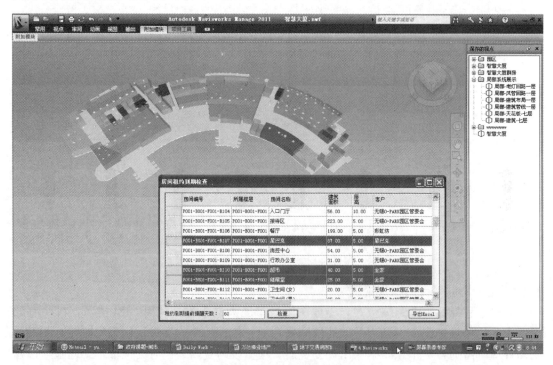

图 3-14 "告示板"式团队协作平台

3. 基于协同平台的流程管理

项目实施过程中,除了让每个项目参与者明晰各自的计划和任务外,还应让其了解整个项目模型建立的状况、协同人员的动态、提出问题及表达建议的途径。从而使项目各参与方能够更好的安排工作进度，实现与其他参与方的高效对接，避免不必要的工期延误。

某项目管理的 BIM 协同工作流程如图 3-15 所示。

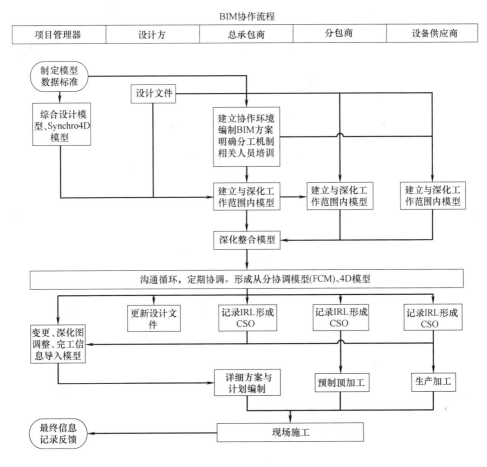

图 3-15 BIM 协同工作流程图

4. 会议沟通协调

基于协同平台可以使各参与方能够更好地把握各自相应的工作任务，但项目管理实施过程中仍还会存在各种问题需要沟通解决，协同平台只能解决项目管理中的部分内容，故还需要各参与方定期组织会议进行直接沟通协调。协调会议由 BIM 专职负责人与项目总工每周定期召开 BIM 例会，会议将由甲方、监理、总包、分包、供应商等各相关单位参加。会议将生成相应的会议纪要，并根据需要延伸出相应的图纸会审、变更洽商或是深化图纸等施工资料，由专人负责落实。例会上应协调以下内容：

（1）进行模型交底，介绍模型的最新建立和维护情况；

（2）通过模型展示，实现对各专业图纸的会审，及时发现图纸问题；

（3）随着工程的进度，提前确定模型深化需求，并进行深化模型的任务派发、模型交付以及整合工作，对深化模型确认后出具二维图纸，指导现场施工；

（4）结合施工需求进行技术重难点的 BIM 辅助解决，包括相关方案的论证，施工进度的 4D 模拟等，让各参与单位在会议上通过模型对项目有一个更为直观、准确的认识，并在图纸会审、深化模型交底、方案论证的过程中，快速解决工程技术重难点。

习 题

一、选择题

1. 以下哪个单位关注的是宏观控制和系统合理性（　　）？

A. 设计单位　　　　　　　　　B. 施工单位

C. 运维单位　　　　　　　　　D. 建设单位

2. 施工阶段的风险控制不包括（　　）。

A. 安全风险　　　　　　　　　B. 变更风险

C. 进度风险　　　　　　　　　D. 质量风险

3. 根据我国家相关条例规定，居住用地的土地出让年限为（　　）。

A. 40 年　　　　　　　　　　　B. 50 年

C. 60 年　　　　　　　　　　　D. 70 年

4. 决策过程的阶段顺序为（　　）。

A. 信息收集　方案设计　方案评价　方案选择

B. 方案选择　信息收集　方案设计　方案评价

C. 信息收集　方案设计　方案选择　方案评价

D. 方案选择　方案设计　信息收集　方案评价

二、问答题

5. 设计方各 BIM 应用形式的优点包括哪些？

6. 设计单位 BIM 项目管理的应用需求包括哪些？

7. BIM 技术的协同平台包括哪些功能？

8. "三管三控一协调"指的是什么？

参 考 答 案

1. A　2. B　3. D　4. A

5. BIM 工作界面清晰；成本可由设计方、施工单位自行分担，业主单位投入小；有助于把各专项设计进行统筹，帮助建设方解决建设目标不清晰的诉求；有助于培养业主自身的 BIM 能力。

6. 增强沟通、提高设计效率、提高设计质量、可视化的设计会审和参数协同、可以提供更多更便捷的性能分析。

7. 建筑模型信息存储功能、具有图形编辑平台、兼容建筑专业应用软件、人员管理功能。

8. 成本控制和进度控制、质量控制和合同管理、职业健康安全与环境管理、信息管理和组织协调。

第4章

BIM在装配式建筑设计阶段的应用

【本章导读】

本章首先解释了标准化设计对于装配式结构设计的必要性；接着分别从基于 BIM 的装配式结构设计的思想、各阶段的介绍及对比说明了基于 BIM 的装配式结构设计方法研究；最后介绍了基于 BIM 的装配式结构设计的具体流程，主要包括：预制构件库的创建、基于 BIM 的装配式结构设计具体流程介绍、装配式结构碰撞检查与 BIM 模型优化、利用 BIM 模型精确算量、利用 BIM 模型出图等。

4.1 标准化设计对装配式结构设计的必要性

标准化是随着社会生产力的提高逐步出现的，为提高建造效率、降低生产难度、减小生产成本、提高建筑产品质量，建筑工业化必须遵循标准化的原则。标准化后的产品应具有系列化、通用化的特点，按照标准化的设计原则能组合成通用性较强并满足多样性需求的产品。装配式结构的标准化设计必然通过分解和集合技术，形成满足一定多样性的建筑产品。

现今国内的预制装配结构技术和结构体系已出现很多，但是装配式结构的设计标准化概念不强，标准化设计的缺失导致预制建造成本较大，一些工程项目为了预制而预制。标准化设计是装配式结构设计的核心，贯穿整个设计、生产、施工安装过程中。逐渐实现住宅部品构件的标准化和住宅建筑体系的标准化，是装配式结构设计的趋势。在标准化设计中，模数化设计是标准化设计必须遵循的前提。模数化设计就是在进行建筑设计时使建筑尺寸满足模数数列的要求。为实现建筑工业化的大规模生产，使不同结构形式、材料的建筑构件等具有一定的通用性，必须实行模数化设计，以统一协调建筑的尺寸。

建筑模数是人们选定用于建筑设计、施工、材料选择等环节保证尺寸协调的尺寸单位。建筑模数包括基本模数和导出模数。基本模数是建筑模数中统一协调的基本单位，用 M 表示。导出模数分为两类：扩大模数和分模数。扩大模数是基本模数的整数倍，如 3M，6M 等，分模数是基本模数的分数值，如 1/10M，1/5M 等。由基本模数和导出模数可以派生出一系列尺寸，该系列尺寸即构成模数数列（表 4-1），针对具体情况模数数列具有不同的使用范围。除特殊情况外，工业化建筑必须遵从相应的模数数列规定。

模数数列 表 4-1

数列名称	模数	幅度	进级（mm）	数列（mm）	使用范围
水平基本模数数列	1M	1～20M	100	100～20000	门窗构配件截面
竖向基本模数数列	1M	1～36M	100	100～3600	建筑物的层高、门窗和构配件截面
水平扩大模数数列	3M	3～75M	300	300～7500	开间、进深；柱距、跨度；构配件尺寸、门窗洞口
	6M	6～96M	600	600～9600	
	12M	12～120M	1200	1200～12000	
	15M	15～120M	1500	1500～12000	
	30M	30～360M	3000	3000～36000	
	60M	60～360M	6000	6000～36000	
竖向扩大模数数列	3M	不限			建筑物的高度、层高、门窗洞口
	6M	不限			
分模数数列	1/10M	1/10～2M	10	10～200	缝隙、节点构造、构配件截面
	1/5M	1/5～4M	20	20～400	
	1/2M	1/2～10M	50	50～1000	

　　装配式建筑是由成百上千个部品组成的，这些部品在不同的地点、不同的时间以不同的方式按统一的尺寸要求生产出来，运输至施工现场进行装配安装，这些部品能够彼此协调地装配在一起，必须通过模数协调实现。模数协调是指，建筑的尺寸采用模数数列，使尺寸设计和生产活动协调，建筑生产的构配件、设备等不需修改就可以现场组装。

　　模数协调对装配式结构设计具有重要作用：

　　（1）模数协调可以实现对建筑物按照部位进行切割，以此形成相应的部品，使得部品的模数化达到最大程度。

　　（2）可以使构配件、设备的放线、安装规则化，使得各构配件、设备等生产厂家彼此不受约束，实现生产效益最大化，达到成本、效益的综合目标。

　　（3）促进各构配件、设备的互换性，使它们的互换与材料、生产方式、生产厂家无关，可以实施全寿命周期的改造。

　　（4）优化构配件的尺寸数量，使用少量的标准化构配件，建造不同类型的建筑，实现最大程度的多样化。

4.2　基于 BIM 的装配式结构设计方法研究

4.2.1　基于 BIM 的装配式结构设计方法的思想

　　现今的装配式结构设计方法是以现浇结构的设计为参照，先结构选型，结构整体分析，然后拆分构件和设计节点，预制构件深化设计后，由工厂预制再运送到施工现场进行装配。这种设计方法会导致预制构件的种类繁多，不利于预制构件的工业化生产，与建筑工业化的理念相冲突。所以，传统的设计思路必须转变，新的设计方法应关注预制构件的通用性，以期利用较少种类的构件设计满足多样性需求的建筑产品。因此，基于 BIM 的装配式结构设计方法应将标准通用的构件统一在一起，形成预制构件库。在装配式结构设计时，预制构件库中已有相应的预制构件可供选择，减少设计过程中的构件设计，从设计人工成本和设计时间成本方面减少造价，而不用详尽考虑每个构件的最优造价，以此达到从总体上降低造价的目的。预制构件库是预制构件生产单位和设计单位所共有的，设计时预制构件的选择可以限定在预制构件厂所提供的范围内，保证了二者的协调性；预制构件厂可以预先生产通用性较强的预制构件，及时提供工程项目需要的预制构件，工程建设的效率得到大大提高。预制构件库是不断完善的，并且应包含一些特殊的预制构件以满足特殊的建筑布局要求。

4.2.2　基于 BIM 的装配式结构设计的各阶段简述

　　由前文讨论可知传统装配式结构设计的预制构件尺寸型号过多，不利于标准化和工业化的设计，也不利于工业化和自动化生产。因此，必须改变从整体设计分析再到预制构件拆分的设计思路，而改为面向预制构件的基于 BIM 的装配式结构设计方法进行设计。此设计方法共分为 4 个阶段：预制构件库形成与完善、BIM 模型构建、BIM 模型分析与优化和 BIM 模型建造应用，如图 4-1 所示。

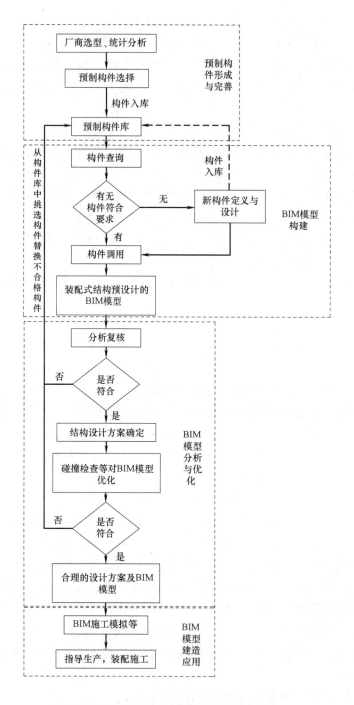

图 4-1　基于 BIM 的装配式结构设计方法

1. 预制构件库形成与完善阶段

预制构件库是基于 BIM 的装配式结构设计的核心，设计时 BIM 模型的构建及预制构件的生产均以其为基础。预制构件库的关键是实现预制构件的标准化与通用化，标准化便于预制构件厂的流水线施工，通用化则可满足各类建筑的功能需求。预制构件库除了包含标准化、通用化的预制构件，还应包含满足特殊要求的预制构件，在预制构件库发展成熟后可在构件库中考虑预制构件的标准节点等。

2. BIM模型构建阶段

预制构件库创建完成后，可根据设计的需求在预制构件库中查询并调用构件，构建装配式结构的BIM模型。当查询不到需要的预制构件时可定义并设计新的构件，调用构件并将新构件入库。BIM模型的构建只是完成了装配式结构的预设计，要保证其结构安全，还需进行BIM模型的分析复核，并利用碰撞检查等方式对BIM模型调整和优化。经过分析复核和碰撞检查等确认无问题后的BIM模型才可用于指导生产和施工，将BIM模型作为交付结果，可以有效避免信息遗漏和冗杂等问题。

3. BIM模型分析与优化阶段

预设计的装配式结构BIM模型需通过分析复核来保证结构的安全，分析复核满足要求的BIM模型即确定结构的设计方案，并通过碰撞检查等方式对BIM模型进行调整和优化，最终形成合理的设计方案。分析复核不能通过时，应从预制构件库中重新挑选构件替换不满足要求的预制构件，重新进行分析复核，直至满足要求。分析复核时结构分析可以按照现浇结构的分析方法进行，也可以根据节点的连接情况实际处理。后一种方法还需要工程实践和实验研究作为辅证。将分析结果与规范作对比，以判断分析复核是否通过。

满足分析复核要求的BIM模型只是满足结构设计的要求，对于深化设计和协同设计等要求，需通过碰撞检查等方式实现，对不满足要求的预制构件应替换，重新进行分析复核和碰撞检查，直至满足要求。预制构件在现场施工装配前就解决了碰撞问题，对于预制构件的返工问题会大大减少。

4. BIM模型建造应用阶段

上述阶段得到的BIM模型即可交付使用。建造阶段可应用BIM模型模拟施工进度并以此合理规划预制构件的生产和运输以及施工现场的装配施工。预制构件厂依据构件库进行生产。施工阶段可采集施工过程中的进度、质量、安全信息，并上传到BIM模型，实现工程的全寿命周期管理。

由以上四个阶段的讨论可知，本文的研究重点将集中在以下部分：

（1）基于BIM的预制构件库的创建与应用。根据装配式结构选型，依据不同的结构体系拆分构件，选择预制构件入库，构件库不仅可以包含标准通用的预制构件，而且在达到一定的技术深度后还可以包含标准化的节点等。预制构件应包含一定的细节信息，如吊装位置的设计。预制构件库是基于BIM的装配式结构设计方法的核心和实现的首要前提，预制构件库的实现与应用将在本章中进行研究。

（2）BIM模型的分析和优化。分析复核时可以将BIM模型导入相应的结构设计软件进行分析计算，并依据规范进行判断对比，根据所得的结果调整BIM模型。BIM模型优化主要运用碰撞检查来实现，在BIM模型中可实现预拼装等施工安装模拟，当出现碰撞等问题时可对BIM模型进行调整，满足要求后方可投入生产、施工。BIM模型的分析与优化将在本章中进行研究。

（3）经分析与优化的BIM模型可用于建造阶段的应用。利用施工模拟提前发现问题，并通过进度模拟对预制构件的生产和运输进场进行指导，施工现场应注意施工信息的采集。建造阶段的 BIM 应用将在第 6 章中进行研究。

需要注意的是，前述的装配式结构设计过程并未提及现浇部分的设计，因此，实际设计时应考虑和增加现浇部分的设计。

4.2.3 基于 BIM 的装配式结构设计的各阶段

1. 传统设计方法和基于 BIM 的设计方法的联系

装配式结构的设计方法现今还是以现浇结构的设计方法为依据，设计时先按现浇结构分析，再拆分构件，通过考虑节点的连接来保证和现浇结构相同的力学性能。基于 BIM 的装配式结构设计以预制构件库为核心，实现由构件到结构整体的面向对象（预制构件）的设计过程，而构件库的形成是以传统装配式结构设计为依据的。构件库的形成需要解决预制构件的挑选和入库，预制构件是厂商针对现有的现浇结构和已存在的装配式结构，统计这些结构的构件，并从外形尺寸、所受的荷载、适用的结构等方面进行统计分析，按照一定的选择和分类方法确定预制构件的挑选，如图 4-2 所示。

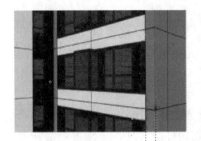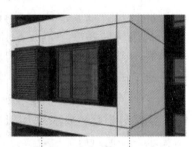

材料交接处理
面砖与混凝土交接处，留有20mm宽的勾缝，避免材料直接交接产生的生硬感。

立面转角处理(一)
立面最外侧转角处采用清水混凝土饰面，增加竖向线条感，并减少转角砖产生的可能性。

现浇层金属盖板
现浇层比预制层向外突出50mm。由于现浇层和预制层的立面风格一致，不宜使用明显的装饰打断。且立面整体风格为现代风格，更不宜使用过多累赘的装饰构件。因此，采用简洁的金属盖板解决立面收口问题。

立面转角处理(二)
南向中户型突出位置转角处依然采用方形小面砖，增加与侧面面砖的整体连续性。方形面砖依然可以避免使用转角砖。

空调冷凝水管位置
预留冷凝水管位置，后期亦可做外包装饰。

图 4-2 可视化设计

2. 传统设计方法和基于 BIM 的设计方法的不同

（1）传统装配式结构设计以二维施工图纸作为交付目标，方案设计、初步设计、施工图设计等阶段均以二维施工图纸为信息的传递媒介，处理图纸需要消耗设计人员大部分的精力，结构分析建立在读图识图的基础上，此过程容易出现信息不明等问题，造成设计失误。专业的不协调也会导致后期的设计返工增多，耗费较多的资源。而基于 BIM 的装配式结构设计方法以 BIM 模型作为最终交付成果，其核心是建立预制构件库，通过预制构件库实现结构的设计。BIM 模型有利于专业间的沟通和交流，通过 BIM 模型传递与共享信息，可以有效避免"信息孤岛"。而且，BIM 模型可以方便设计人员查看模型及信息，设计人员无需通过图纸想象结构模型，利用 BIM 模型可以模拟施工情况，提前发现施工中可能出现的问题并将其解决。

（2）传统的装配式结构先整体后拆分的设计思路必然导致设计的预制构件的种类不可

控，使设计的预制构件与现有的预制厂商所能生产的预制构件不一致、发生冲突。基于BIM的装配式结构设计以预制构件库为核心进行设计，绝大部分构件都是已经设计好的预制构件，预制构件厂商都有相应的存储，可以直接选用，不需要单独再进行设计，提高了装配式结构的设计建造效率。

（3）基于BIM的装配式结构预设计后，需进行分析复核，此过程从表面看与传统装配式结构设计过程的整体结构分析相同，但实则有本质区别。首先，分析复核是结构的配筋设计、节点设计完成后对其进行验算，是一种复核手段，与结构设计是相反的过程；其次，复核的结构分析可以考虑配筋以及节点的连接情况，而传统装配式结构整体分析是设计前的分析，依据分析结果进行构件设计；·最后，在基于BIM的设计方法成熟后，分析复核必然是少量的构件不满足要求，需进行替换，而传统装配式结构设计是经过整体结构分析后需要确定所有构件的截面和配筋设计等。

分析复核不满足要求时可能需要替换预制构件，进行再分析，这是一个循环的过程。在预制构件库不完善和计算水平达不到要求时，这可能是一个工作量大的过程，但是当计算算法能够实现并开发专用的分析复核的程序时，分析复核的过程将变得非常容易，与现浇结构设计软件进行设计具有同样的方便性。

4.3 基于 BIM 的装配式结构设计具体流程介绍

4.3.1 基于 BIM 的装配式结构预制构件库的创建与应用

基于BIM的装配式结构设计方法相对于传统装配式结构设计方法而言具有巨大的优势，其通过调用构件库中的预制构件进行设计，预制构件库的创建是此设计方法实现的重点，构件库创建后应该具有良好的组织管理功能，并能够方便地应用于工程中的BIM模型创建。

1. 基于 BIM 的装配式结构预制构件库的创建

预制构件是整个BIM模型的组成部分，其他的图纸、材料报表等信息都是通过预制构件实现的。预制构件具有复用性、可扩展性、独立性等特点。

（1）复用性，指预制构件库中的同一个预制构件可以重复应用到不同的工程中。

（2）可扩展性，指将预制构件调用到具体的工程时需要添加深化设计、生产、运输等信息，这些信息均添加在预制构件的信息扩展区，即预制构件能够满足信息扩展的需要。

（3）独立性，指预制构件库中的各预制构件不仅相互独立，并且，预制构件具有自身的独立性，并不随着被调用次数增加而属性发生改变。

BIM技术在装配式结构中应用的关键是实现信息共享，而信息共享的前提就是构件库的建立。基于BIM的预制构件库应是设计单位和预制构件单位所共有的，这样设计人员进行设计时所选用的构件在预制构件厂能随时查询到，避免设计的预制构件需要太多的定制，给预制构件厂带来制造的麻烦。预制构件库的创建（图 4-3）应包含预制构件的创建和预制构件库的管理功能实现，主要步骤有：预制构件的分类与选择、预制构件的编码与信息创建、预制构件的审核与入库、预制构件库的管理。

（1）装配式结构必须按照各种结构体系来进行设计，不同体系的构件并不是都可以互

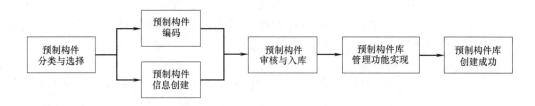

图 4-3　预制构件库的创建流程

用的。同一种预制构件的类型较多，需要对众多的预制构件进行归并，选择通用性较强的预制构件进行入库，因此预制构件应按照专业、结构的不同种类分别建立。

（2）所需要入库的预制构件应保证都有体现其特点并具有唯一标识的编码，编码只是便于区别和组织预制构件，而预制构件的核心是信息，信息的创建包括几何信息和非几何信息创建，预制构件包含的信息应该根据实际需要确定，避免建立的信息不足影响实际的使用。

（3）预制构件入库必须遵循一定的标准，入库前依照统一的入库标准审核构件，严格的检查几何和非几何信息是否完整、正确。

（4）只有经过合理管理的构件库才能发挥巨大的使用价值，构件库的管理应保证构件信息内容的完整与准确，以及构件库的可扩充性，构件库应能够方便人员使用。构件库的管理权限需根据不同的人员设置不同的权限，一般的建模人员只能具有查询和调用权限，只有管理人员才具有修改和删除的权限。预制构件库应定时进行更新、维护，保证预制构件信息的准确与完善。

2. 入库的预制构件分类与选择

装配式结构总体可分为装配式框架结构、装配式剪力墙结构和装配式框架-剪力墙结构，但是现今各研发企业都致力于研究自己特殊的装配式结构体系，各种预制构件的适用性并不强。因此，预制构件库的创建也应以相应的装配式结构体系为基础分类建立，不同的装配式结构体系设置不同的构件库，预制构件的分类也应以装配式结构体系为基础进行见表 4-2。

各国 PC 技术体系　　　　　　　　　　　　　　　　　　　　表 4-2

国家或地区	PC 技术体系
法国	预应力混凝土装配式框架结构
	全装配式大板体系
日本	外壳预制核心现浇装配整体式 RC 结构体系
	全装配式钢筋混凝土框架结构体系
	预制钢筋混凝土叠合剪力墙结构体系
德国	预制钢筋混凝土叠合墙板体系
瑞典	预制大板结构体系
美国	预制装配式混凝土结构体系和钢结构体系结合
新加坡	单元化装配式住宅体系
中国香港地区	预制钢筋混凝土叠合剪力墙结构体系
芬兰	全预制装配式弱连接体系

入库的预制构件应保证一定的标准性和通用性，才能符合预制构件库的功能，预制构件的选择过程如图 4-4 所示。预制构件首先应按照现有的常用装配式结构体系进行分类，对于不同的结构体系主要受力构件一般不能通用，如日本的 PC 预制梁为后张预应力压接，而框架结构体系的梁为先张法预应力梁，采用节点 U 形筋的后浇混凝土连接，可见不同体系的同种类型构件的区别很大，需要单独进行设计。但是，某些预制构件是可以通用的，如预制阳台。

图 4-4 预制构件的选择过程

对于分类的预制构件，应统计其主要控制因素，忽略次要因素。对于预制板，受力特性与板的跨度、厚度、荷载等因素有关，可按照这三个主要因素进行分类统计。如预应力薄板，板跨按照 300mm 的模数增加，板厚按照 10mm 的模数增加，活荷载主要按照 $2.0kN/mm^2$，$2.5kN/mm^2$，$3.5kN/mm^2$ 等不同荷载情况统计，对预应力薄板进行统计分析，制作成预制构件并入库，方便直接调用。而对于活荷载超过这三种情况的需单独设计。对于梁、柱、剪力墙而言，其受力相对板较复杂，所以构件的划分应考虑将预制构件统计，并进行归并，减少因主要控制因素划分细致导致的构件种类过多，以此得到标准性、通用性强的预制构件。

在未考虑将预制构件分类并入库前，前述的分类统计在以往的设计过程中往往制作成图集来使用，在基于 BIM 的设计方法中不再采用图集，而是通过建立构件库来实现，并通过实现构件的查询和调用功能，方便预制构件的使用。入库的预制构件应符合模数的要求，以保证预制构件的种类在一定和可控的范围内。预制构件根据模数进行分类不宜过多，但也不宜过少，以免达不到装配式结构在设计时多样性和功能性的要求。

3. 预制构件的编码与信息创建

预制构件的分类和选择，只是完成了预制构件的挑选，但是构件入库的内容尚未完成。预制构件库以 BIM 理念为支撑，BIM 模型的重点在于信息的创建，预制构件的入库实际是信息的创建过程。构件库内的预制构件应相互区别，每个预制构件需要一个唯一的标识码进行区分。预制构件入库应解决的两个内容是预制构件的编码与信息创建。

（1）预制构件的编码原则

预制构件的编码是在预制构件分类的基础上进行的，预制构件进行编码的目的是为了便于计算机和管理人员识别预制构件。预制构件的编码应遵循下列原则：

1）唯一性，一个编码只能代表唯一一个构件；

2）合理性，编码应遵循相应的构件分类；

3）简明性，尽量用最少的字符区分各构件；

4）完整性，编码必须完整、不能缺项；

5）规范性，编码要采用相同的规范形式；

6）实用性，应尽可能方便相应预制构件库工作人员的管理。

（2）预制构件的编码方法

　　建筑信息分类编码采用 UNIFORMAT II 体系，UNIFORMAT II 是由美国材料协会制定发起的，由 UNIFORMAT 发展而来，采用层次分类法，现今发展到四级层次结构。第一级为七大类，包括基础、外封闭工程、内部结构、配套设施、设备及家具、特殊建筑物及建筑物拆除、建筑场地工程；第二层次定义了 22 个类别，包括基础、地下室等，见表 4-3。

建筑信息分类编码

表 4-3

一级类目	二级类目	三、四级类目
A 基础	A10 基础 A0 地下室	……
B 外封闭工程	B10 地上结构 B20 外部围护 B30 屋盖	B1010 楼板 　　B101001 结构性框架 　　B101002 结构性内墙 　　B101003 楼板垫层 　　B101004 阳台 　　B101005 坡道(斜坡) 　　B101006 楼板线路系统 　　B101007 台阶 B1010 屋面 B2010 外部墙体 B2020 外墙窗 B2030 外墙门 B3010 屋面保温防水等 B3020 屋顶出入口保温防水等
C 内部结构	C10 内墙 C20 楼梯 C30 内部装修	……
D 配套设施	D10 运输系统 D20 给水排水系统 D30 HVAC D40 消防系统 D50 电器系统	……
E 设备及家具	E10 设备 E20 家具	……
F 特殊建筑物及建筑物拆除	F10 特殊建筑物 F20 选择性拆除	……
G 建筑场地工程	G10 场地准备 G20 场地改良 G30 场地机械设施 G40 场地电气设施 G50 场地现场设施	……

　　基于 BIM 的预制构件的编码只是为了区分各构件，便于设计和生产时能够识别各构件，而真正用于设计和构件生产、施工的是预制构件的信息，因此，BIM 预制构件的信息创建是一项重要的任务。在传统的二维设计模式中，建筑信息是分布在各专业的平、

立、剖面图纸中，图纸的分立导致建筑信息的分立，容易造成信息不对称或者信息冗杂问题。而在 BIM 设计模式下，所有的信息都统一在构件的 BIM 模型中，信息完整且无冗杂。在方案设计、初步设计、施工图设计等阶段，各构件的信息需求量和深度不同，如果所有阶段都应用带有所有信息的构件进行分析，会导致信息量过大，使分析难度太大而无法进行。因此，对预制构件的信息进行深度分级，是很有必要的，工程各设计阶段采用需要的信息深度即可。

（1）预制构件几何与非几何信息深度等级表

BIM 技术在预制构件上的运用是依靠 BIM 模型来实施的，而 BIM 的核心是信息，所以在设计、施工、运维阶段最注重的是信息共享。构件的信息包含几何与非几何信息，几何信息包含几何尺寸、定位等信息，而非几何信息则包含材料性能、分类、材料做法等信息。根据不同的信息特质和使用功能等以实用性为原则制定统一标准，将预制构件信息分为 5 级深度，并将信息深度等级对应的信息内容制作成预制构件信息深度等级表，见表4-4。预制构件几何与非几何信息深度等级表描述了预制构件从最初的概念化阶段到最后的运维阶段各阶段应包含的详细信息。

预制构件信息深度等级表 表 4-4

类型	信息内容	构件信息深度等级				
		1.0	2.0	3.0	4.0	5.0
几何信息	主要预制构件如梁、柱、剪力墙等的几何尺寸信息、定位信息	√	√	√	√	√
	基础类构件的几何尺寸信息、定位信息		√	√	√	√
	次要构件的几何尺寸信息、定位信息			√	√	√
	复杂装配节点的几何尺寸、定位信息			√	√	√
	预制构件的深化设计信息				√	√
非几何信息	基本信息如装配式结构体系、使用年限、设防烈度等	√	√	√	√	√
	物理力学性能如钢筋、混凝土强度等级、弹性模量、泊松比等材质信息	√	√	√	√	√
	预制构件的荷载信息		√	√	√	√
	预制构件的防火、耐火等信息			√	√	√
	新技术新材料的做法说明			√	√	√
	预制构件的钢筋、预应力筋等的设置信息				√	√
	工程量统计信息				√	√
	预制构件的施工组织及运维信息				√	√

（2）预制构件信息深度分级方法及应用（图 4-5）

1）深度 1 级，相当于方案设计阶段的深度要求。预制构件应包含建筑的基本形状、总体尺寸、高度、面积等基本信息，不需表现细节特征和内部信息。

2）深度 2 级，相当于初步设计阶段的深度要求。预制构件应包含建筑的主要计划特征、关键尺寸、规格等，不需表现细节特征和内部信息。

3）深度 3 级，相当于施工图设计阶段的深度要求。预制构件应包含建筑的详细几何特征和精确尺寸，不需表现细节特征和内部信息，但具备指导施工的要求。

4）深度 4 级，相当于施工阶段的深度要求。预制构件应包含所有的设计信息，特别是非几何信息。为应对工程变更，此深度级别的预制构件应具有变更的能力。

5）深度 5 级，相当于运维阶段的深度要求。预制构件除了应表现所有的设计信息，还应包括施工数据、技术要求、性能指标等信息。深度 5 级的预制构件包含了详尽的信息，可用于建筑全寿命周期的各个阶段。

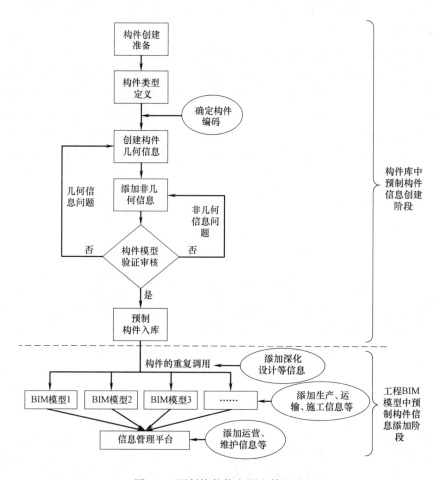

图 4-5　预制构件信息深度等级应用

4. 预制构件的入库与预制构件库的管理及应用

（1）预制构件的审核入库

当预制构件的编码和信息等创建后，审核人员需对构件的信息设置等逐一进行检查，还需将构件的说明形成备注，确保每个预制构件都具有唯一对应的备注说明。经审核合格后的构件才可上传至构件库。

预制构件的审核标准应规范统一，主要审核预制构件的编码是否准确，编码是否与分类信息对应，检查信息的完整性，保证一定的信息深度等级，避免信息深度等级不足导致预制构件不能用于实际工程。同样也要避免信息深度等级过高，所含有的信息太细致，导致预制构件的通用性较低。

（2）预制构件库的管理

基于 BIM 的预制构件库必须实现合理有效的组织，以及便于管理和使用的功能。预制构件库应进行权限管理，对于构件库管理员，应具有构件入库和删除的权限，并能修改预制构件的信息；对于使用人员，则只能具有查询和调用的功能。构件库的管理如图 4-6 所示，主要涉及的用户有管理人员和使用人员。使用人员分为本地客户端、网络客户端、网络构件网用户。

本地构件库中心应具有核心的构件库、构件的制作标准和审核标准等。管理人员应拥有最大的管理权限，能够自行对构件进行制作，并从使用人员处收集构件入库的申请，并对入库的构件进行审核。管理人员可对需要的构件进行入库，对已有的预制构件进行查询，并对其进行修改和删除操作。本地客户端不需要通过网络链接对构件库进行使用，用户的权限比管理员的权限低，只具有构件查询、用于 BIM 模型建模的构件调用以及构件入库申请的权限。网络用户端同本地用户端具有相同的权限，需要通过网络使用构件库。客户端是一个桌面应用程序，安装运行，通过网络或本地连接使用构件库。此外，网络上的构件网可以提供其他用户进行查询和构件入库申请的功能，但不能进行构件调用的操作。

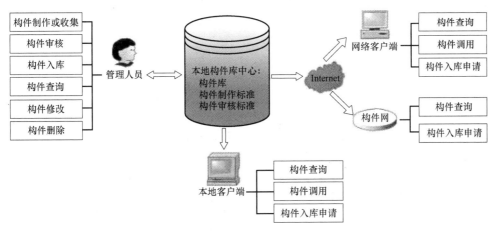

图 4-6　预制构件库的管理

（3）预制构件库的应用

预制构件库是基于 BIM 的装配式结构设计方法的核心，整个设计过程是以预制构件库展开的。在进行装配式结构设计时，首先需要根据建筑设计的需求，确定轴网标高，并确定所使用的装配式结构体系；再根据设计需求在构件库中查询预制梁柱，注意预制梁柱的协调性；最后布置其他构件，如此形成装配式结构的 BIM 模型，完成预设计。预设计的 BIM 模型需进行分析复核，当没有问题时此 BIM 模型即满足了结构设计的需求、结构的设计方案确定。不满足分析复核要求的 BIM 模型需对不满足要求的预制构件，从预制构件库中挑选构件进行替换，当预制构件库中没有合适的构件时需重新设计预制构件并入库。对调整过后的 BIM 模型重新分析复核，直到满足要求。确定了结构设计方案的 BIM 模型需进行碰撞检查等预装配的检查，当不满足要求时需修改和替换构件，满足此要求的 BIM 模型既满足结构设计的需求，又满足装配的需求，可以交付指导生产与施工。在整个设计过程中，预制构件库中含有很多定型的通用的构件，可以提前进行生产，以保证生产的效率。因为预制构件库的作用，生产厂商无需担心提前生产的预制构件不能用在装配式结构中，造成生产的预制构件浪费的情况。

对于预制构件库的管理系统而言，由图4-7可知，用户通过客户端可以对预制构件调用并用于工程BIM模型的创建，BIM模型作为最后的交付成果，预制构件的选择起了很大的作用，构件库的完善程度决定了基于BIM的装配式结构设计方法的可行性和适用性。当预制构件库不完善时，用户想要设计符合自己需求的装配式建筑，难度较大，需要单独设计构件库中还未包含的预制构件。

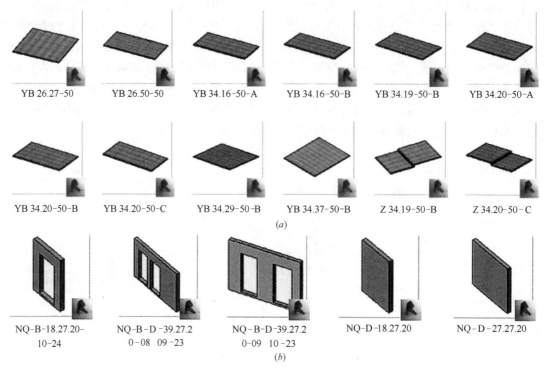

YB 26.27-50　YB 26.50-50　YB 34.16-50-A　YB 34.16-50-B　YB 34.19-50-B　YB 34.20-50-A

YB 34.20-50-B　YB 34.20-50-C　YB 34.29-50-B　YB 34.37-50-B　Z 34.19-50-B　Z 34.20-50-C

(a)

NQ-B-18.27.20-　NQ-B-D-39.27.2　NQ-B-D-39.27.2　NQ-D-18.27.20　NQ-D-27.27.20
10-24　　0-08　09-23　　0-09　10-23

(b)

图4-7　叠合楼板与墙板BIM构件库

（a）叠合楼板BIM构件库；（b）墙板BIM构件库

4.3.2　预制构件库的创建

目前与BIM相关的建模软件多种多样，本书以Autodesk公司的Revit软件为例，为读者讲解装配式建筑BIM模型的创建流程。

Revit软件使用时会涉及相关的专用术语，例如项目、类别、图元、族、类型、实例。项目是单个工程项目数据模型库，包含了项目从开始规划设计到后期施工维护的所有信息，所有的三维视图、二维视图、图纸、构件信息、明细表等都存储在此项目的模型中。类别是指依据构件的性质对构件进行归类的一类构件集合，如梁、柱、门等。图元是信息和数据的载体，是建筑模型的核心，如建筑模型的墙、门等。图元分为模型图元、基准图元、视图专有图元（图4-8），模型图元是整个模型的主体框架和基础，如墙、梁、柱、楼板、门窗等；基准图元用于项目中构件的定位，如轴网、标高、参考平面等；视图专有图元包括注释、尺寸标注等注释图元和详图构件、详图线等详图图元。族是项目的基础，图元通过族创建，族分为三类：系统族、可载入族和内建族。系统族在Revit中预定义，通过系统族可创建墙、梁、楼板等基本图元；可载入族可以自定义，为创建各类标准化族（如挡土墙等）提供了平台；内建族在当前项目中创建，不能被其他外部项目引用。

类型是族的属性，如同一门族可以有不同的尺寸类型。实例是放置在项目的实际构件，如门实例。

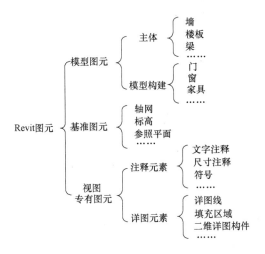

图 4-8　装配式建筑 BIM 模型的创建流程

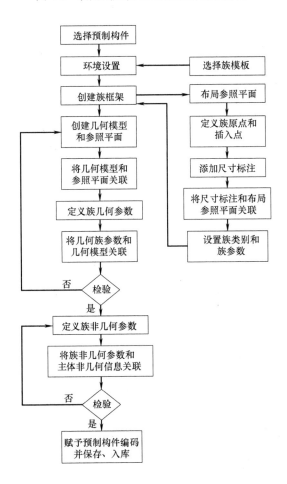

图 4-9　预制构件的信息创建过程

预制构件的制作过程其实就是信息的创建过程，本节将以某项目的预制板 YB-39-0507-1 为例，介绍预制构件的创建过程。某项目是预制预应力混凝土装配整体式框架体系，采用预应力混凝土叠合板，预制板为预应力薄板。

1. 基于 Revit 的预制构件制作流程

图 4-9 描述了预制构件的信息创建过程，预制构件的制作就是将这种信息创建过程具体化。Revit 软件平台是现在最常用的 BIM 软件平台，通过 Revit 平台创建构件实际是创建族的过程，应包括环境设置、几何参数与非几何参数定义。

2. 预制构件创建环境设置和族框架创建

构件模型创建前需选择合适的族样板，此处选用公制结构加强板（图 4-10），并设置布局参照平面，定义族原点和构件插入点，添加相应的尺寸标注，将其与参照平面关联，使参照平面的位置随尺寸标注的值改变而改变。并设置全局的族类别和族参数，包括族在项目中使用时是否基于工作平面、是否总是垂直等，如图 4-11 所示。

图 4-10　族样板平面

3. 几何模型的创建和几何信息参数设置

几何模型的创建主要是板的长度、宽度以及厚度，对于细部的尺寸需着重创建。模型创建后，还需将相应的信息以属性的方式体现出来，如预应力板的长度等。几何信息创建后，需检验经判断无误后方可添加非几何信息。

4. 非几何信息添加

构件的材质和所用的规格型号等非几何信息需单独创建，钢筋的创建也在此处进行，并将钢筋的信息体现在属性中。非几何信息创建时可定义附加的信息标签，留作具体 BIM 模型中需要添加的信息，如预制构件的 RFID 标签的编码。非几何信息的创建如图 4-12 所示。非几何信息创建后也须检验，经判断无误后方可进行下一步的操作。

5. 赋予预制构件编码并保存入库

经过几何信息和非几何信息的添加后，即可赋予预制构件唯一的编码并保存入库。构

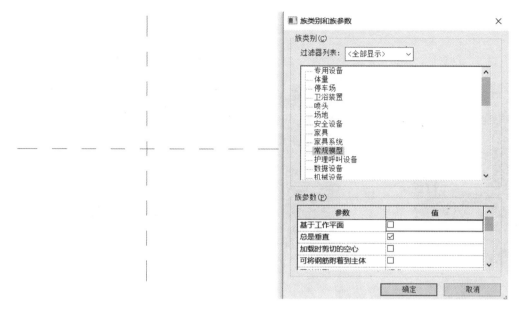

图 4-11　创建族工作平面

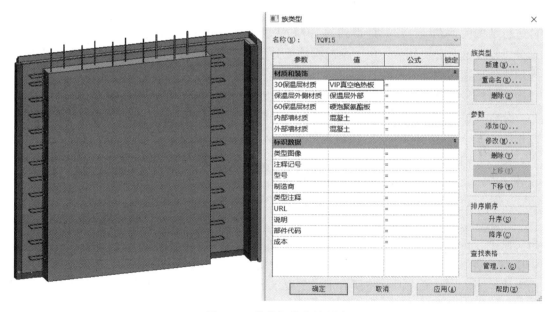

图 4-12　非几何信息的创建

件的三维图和构件信息如图 4-13 所示。

4.3.3　装配式结构 BIM 模型的分析与优化

调用预制构件库中标准化、通用化的预制构件可以快速地实现装配式结构的预设计，预设计的 BIM 模型还需进行分析复核以满足结构安全的要求，并通过预装配的碰撞检查对 BIM 模型进行优化。

1. BIM 模型分析复核的实现

在预制构件库创建后，基于 BIM 的装配式结构设计方法直接从预制构件库中选择构

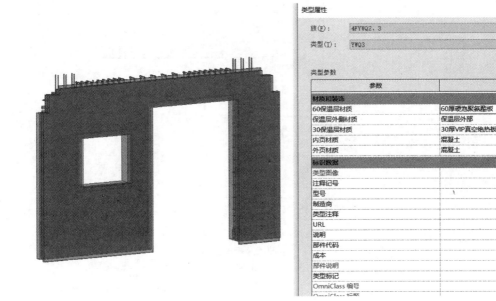

图 4-13　构件的三维图和构件信息

件进行结构的预设计，预设计得到的 BIM 模型能否用于指导后续的生产和施工等，须经过分析复核这个必要环节。由于预制构件库并不是完善的，不能包括所有的情况，而且入库的构件是通过统计分析甄选的，所以不可避免有不满足具体工程的预制构件，需要进行替换，分析复核就是实现此项任务。分析复核是保证结构安全的一个重要方式。

分析复核是在预制构件设计好的前提下进行的，通过复核验算保证结构整体性能和预制构件的安全。分析复核与结构设计具有相反的过程，依据所受的荷载作用将弯矩、剪力、轴力等内力情况计算出来，并依据规范进行复核判断对比。分析复核时预制构件已经设计完毕，受力分析应该考虑相应的配筋情况，所以，应考虑精细化的有限元分析方法进行受力分析，但是实际情况下可考虑简化的有限元计算方法。

装配式结构 BIM 模型的分析复核流程如图 4-14 所示，主要分为两个阶段：有限元分析阶段，分析结果与规范对比阶段。前者主要是将 BIM 模型转换为结构分析所需要的分析模型，并依据相应的荷载组合进行有限元分析；后者主要是将有限元分析的结果与规范作对比，当不满足要求时须将所有不满足要求的构件替换为高一级的构件，再循环分析复核的流程，直至满足要求为止。

2. 分析复核的有限元分析阶段

有限元分析阶段主要涉及 BIM 模型的链接方式，即将 BIM 模型转化为有限元分析模型的方式，以及有限元分析方法。

（1）分析复核的 BIM 模型链接方式

分析复核不仅要保证 BIM 模型能够用于结构分析软件进行受力分析，还要保证 BIM 模型能够方便的依据分析结果进行结构调整。目前，传统装配式结构设计方式利用有限元软件对结构建模，然后进行受力分析计算，并以此来绘制二维的施工图纸。而基于 BIM 的装配式结构设计方法是在核心建模软件中通过调用预制构件库中的构件构建 BIM 模型，

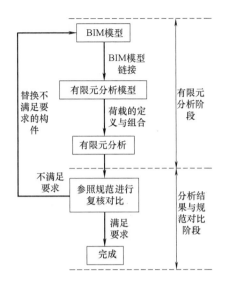

图 4-14 装配式结构 BIM 模型的分析复核流程

然后进行分析复核。BIM 模型是指包含各种设计信息的三维实体模型，而分析模型主要是点、线、面的模型，BIM 模型和分析模型的链接计算是其中的重点，因为各软件的数据结构不开放，实现二者的无缝链接是当前 BIM 技术还未能完全攻克的难题。

良好的模型链接方式应该满足链接过程公开透明、链接结果的可利用性以及链接接口的稳定性。主要有三种方式：

1）采用 IFC 公共标准。实现 BIM 核心建模软件与结构分析软件间的数据交换，其优势在于转换的信息全面，由于当前多数软件不支持 IFC 结构模型的读入，并且软件导出的 IFC 模型不包含结构信息模型，因此，需要开发专门的 IFC 结构模型转换软件来实现不同软件间的数据交换。

2）基于二次开发的方式。如利用 Revit API 进行二次开发，形成插件，利用插件转换模型，目前 Revit 可以实现与 Robot，PKPM，ETABS 以及 STAAD 之间的模型交换，Revit 和 Robot 已经实现了较好的模型链接。

3）采用基于中间数据文件的 Excel 实现数据交换。将 BIM 模型导出的 Excel 文件格式包含了构件的节点坐标、截面类型及材料信息等，利用 Excel 模型生成器读取 Excel 文件并生成模型，以此实现模型的转换。

（2）分析复核的有限元分析方法

分析复核的有限元分析过程是进行分析复核的前提，它与设计时的分析区别在于预制构件的配筋等均已确定，可以根据实际的构件情况进行有限元分析，而不需要预先试设计。

3. 有限元分析结果的复核对比

有限元分析的结果只有同现有的规范进行对比，才能发挥其作用。有限元分析结果的对比的依据，主要有《混凝土结构设计规范》GB 50010—2010、《建筑结构荷载规范》GB 50009—2012、《建筑抗震设计规范》GB 50011—2010、《装配式混凝土结构技术规程》JGJ 1—2014、《预制预应力混凝土装配整体式框架结构技术规程》JGJ 224—2010 等。因此需要考虑的方面如下：

（1）梁：正截面受弯承载力、斜截面（接缝）受剪承载力、梁受剪截面要求、挠度和裂缝验算、梁缺口处钢筋要求等。

（2）柱：层间位移验算、轴压比验算、柱正截面受压承载力、柱斜截面（接缝）受剪承载力、最小配箍率、裂缝等。

（3）板：正截面受弯承载力、板截面验算（斜截面承载力验算）、挠度和裂缝等。

（4）节点：节点核心区抗震受剪承载力、体积配箍率等。

4. BIM 性能化分析

通过对项目日照、投影的分析模拟，可以帮助设计师调整设计策略，实现绿色目标，提高建筑性能。如图 4-15 和图 4-16 所示。

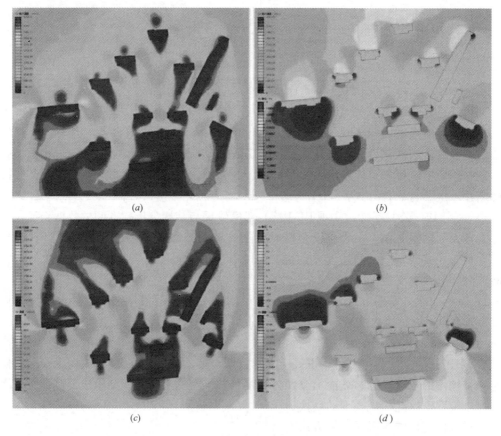

(a)　　　　　　　　　　　　　　　　(b)

(c)　　　　　　　　　　　　　　　　(d)

图 4-15　CFD 流场模拟

(a) 偏北风风速图；(b) 偏北风风压图；(c) 偏南风风速图；(d) 偏南风风压图

4.3.4　基于 BIM 的装配式结构设计具体流程介绍

BIM 技术具有可视化、协调性、模拟性、优化性及可出图性等特点。将 BIM 技术与当前装配式建筑设计方法相结合，实现信息在设计与生产、施工之间的完整传递；可以实现上下游企业及各专业之间的信息协调，还可进行各专业构件之间的设计协调，完成构件之间的无缝隙结合；可以使技术人员按照施工组织计划进行施工模拟，完善施工组织计划方案，实现方案的可实施性。如图 4-17 所示。因此装配式建筑基于 BIM 的模块化设计方

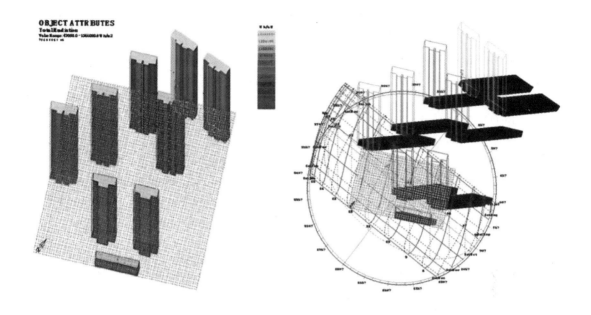

图 4-16　Ecotect 日照模拟

法可以解决当前装配式建筑设计方法中的一些问题，推动建筑产业化的发展。

以某项目为例，剪力墙住宅体系中住宅的户型具有普遍性及相似度高的特性，建筑一般由首层、标准层、顶层组成，每个建筑层由若干个建筑单元组成。其中首层和标准层的相似度不大，首层相对标准层有门厅单元、底层楼板单元，顶层相对其他层相似度较差。就现代住宅建筑设计而言，经过长期淘汰和筛选后，使用者对户型的选择要求已逐渐明确，因此住宅建筑的户型设计雷同度较高，很大一部分设计只是存在于某个房间的尺寸差异。

模块化是建筑业在标准化、系列化、参数化等标准基础上参考系统工程原理发展起来的一种预制装配式的高级形式。模块化设计的思路是：首先将建筑整体划分为若干层，将每一层根据功能需求分解为若干个户型模块以及附属模块；再将户型模块以及附属模块分成不同类别构件，最后再将构件按照单元、层等逐级按照"搭积木"式组合成整体建筑。

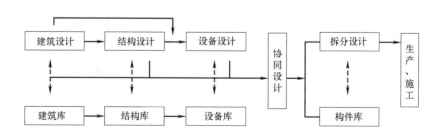

图 4-17　装配式建筑协同设计

模块化设计的具体方法：

1. 户型内设计

建筑设计师根据户型的功能要求选择相对应的户型，结构设计师根据户型的结构布置从结构库中选择相对应的结构户型，设备设计师根据户型的功能及结构的设计方案选择设备模块，同时设备设计师与建筑、结构户型进行协调，避免发生构件之间的碰撞。简而言之，设计师要完成户型内功能区的划分、受力构件的布置和设备的无碰撞协调。户型内的设计是剪力墙体系模块化设计的基础，是模块化设计过程中的工作量最大的环节，标准化、系列化的户型库可以提高协同设计的效率，为模块化设计精确的实施奠定基础。

2. 户型间设计

户型内的设计完成户型内部功能的划分，保证户型内建筑、结构及设备专业之间的协调设计的准确，户型间设计是指将设计师选择的户型通过能够传递户型功能的结构接口组成建筑单元。建筑系统是构件经过有机整合而构成的一个有序的整体，其中各个户型既具有相对的独立功能，相互之间也有一定的联系，户型之间把这个共享的构件就称之为"接口"，它的作用不但是建筑系统中的一部分，而且是户型之间进行串并联设计的媒介，组合成为一个完整的建筑模型。

户型间的设计主要是解决接口的有关问题，接口根据构件的共享部位可以分为重合接口和连接接口两类。重合接口是指共享部分是重合的构件，连接接口是指协同共享的构件没有重合，需要外部构件将其连接在一块的。剪力墙住宅体系中建筑、结构户型之间大部分的接口是重合接口，在设备户型之间的接口主要是连接接口。另外根据专业不同重合部分的构件也有差别，在建筑户型间重合的部分主要有内墙、内隔墙，在结构户型之间重合的部分主要有暗柱、剪力墙。户型之间接口的解决方法通常是：在户型之间阶段的设计将重合接口中重叠的构件删除其中一个，保证建筑整体的完整性。删除构件时应注意的是：两户型中，长短构件重合，留取构件长的，删除构件较短的模型。

3. 标准层设计

标准层的设计完成层内部功能的完整，补充辅助功能内的附属构件，保证层内建筑、结构及设备专业之间协调设计的准确性。标准层设计是指设计师完成的户型间设计通过添加附属构件组成建筑层的设计过程。一般建筑分为地下室、首层、标准层、设备层、顶层等，建筑层是由建筑户型及附属构件组合而成，也是建筑系统的重要一部分。

在住宅建筑设计中一般有首层、标准层、设备层、顶层，其中标准层在建筑中占有绝大部分，在建筑设计中可以先设计标准层，然后相同类型的建筑层进行复制，不同类型的建筑层在此基础上进行修改，在住宅体系中标准层设计的正确与否关系到一幢建筑的整体设计。此阶段借助BIM技术对建筑、结构、设备层模型进行协调设计，实现无碰撞的模型对整体建筑模型很重要，因此建筑层是建筑设计中价值最大的阶段。

4. 建筑整体协同设计（图4-18）

建筑整体的协同设计包括专业内协调设计和专业间协调设计。前者是在专业内部进行优化设计及深化设计，依据设计规范满足建筑、结构、设备各专业之间的功能要求；后者是专业之间的碰撞检测及其后的设计调整，依据设计、施工规范满足业主的功能需求。协同设计是在建筑工程各专业共同的协作平台上进行参数化设计，从而达到专业上下游之间的信息精确地传递，在设计源头上减少构件间的错、漏、碰、缺等，提升设计效率和设计质量。

图 4-18　协同设计

从建筑师的角度看，基于 BIM 的协同设计有利于建筑师把更多的精力投入到方案设计中，优化整体设计方案，提高方案的竞争力；协同设计有利于业主、政府等各部门之间的信息交流，加强信息共享，避免信息孤岛的形成，有利于加强设计、生产、施工等各参与方的协作，各部门之间快速进行信息的沟通和反馈，优质、高效地完成建设项目。从社会和业主的角度看，协同的思想加强了社会对"建筑、人、环境"的理解，促进了业主与建筑师之间的互动，提高了决策的科学性和准确性，为项目投资建设的圆满完成提供了有力保障。

4.3.5　装配式结构碰撞检查与 BIM 模型优化

1. 碰撞检查的实现及 Navisworks 平台

传统结构设计以二维施工图纸作为交付成果，各专业的图纸汇总时不免会发生碰撞等问题。BIM 应用中的碰撞检查能够出具碰撞报告，报告给出 BIM 模型中各种构件碰撞的详细位置、数量和类型。设计人员根据碰撞报告修改相应的 BIM 模型，使 BIM 模型更加优化，碰撞检查是调整优化 BIM 模型的一种重要方式。目前常用的碰撞检查平台是 Navisworks。

Navisworks 具有可视化、仿真、可分析多种格式的模型等特点，主要包括 Navisworks Manage，Navisworks Review，Navisworks Simulate 和 Navisworks Freedom 四款产品。Navisworks Manage 可以精确地进行错误查找，进行冲突管理以及 4D 施工进度模拟；Navisworks Review 可以实现项目的可视化，审阅相关的文件；Navisworks Simulate 能够制定精确的 4D 施工进度表；Navisworks Freedom 是 DWF 和 NWD 文件的浏览器。

Navisworks 具有的功能有：

（1）三维模型的实时漫游。可以对三维模型进行随时的漫游，为三维施工方案审核提供了支持。

（2）碰撞校核。既可以实现硬碰撞，也可以实施诸如间隙碰撞、时间上的碰撞等软碰撞。

（3）模型整合。可以将多种三维模型合并到同一个模型，进行不同专业间的碰撞。

（4）4D 进度模拟。可以导入进度计划软件的文件，与模型关联，模拟 4D 的进度计划，直观地展示施工过程。

（5）模型渲染。丰富的模型渲染功能可以给用户提供各个场景的模型。

利用 Navisworks 进行碰撞分析前，需要对碰撞类型等进行设置，根据项目特征选择不同的方法进行碰撞分析（图 4-19），主要有三种方法：

（1）根据单专业或者多专业进行碰撞检查。

（2）在碰撞检查窗口中选择需要的项目进行碰撞检查，但是当项目较复杂时，操作量较大。

（3）在视图中建立图元或集合进行碰撞检查，如按层数设置碰撞，可设置层间碰撞，也可以设置层内碰撞。

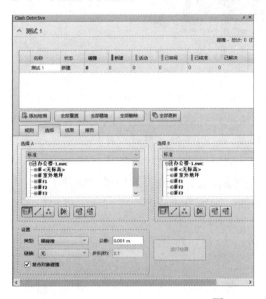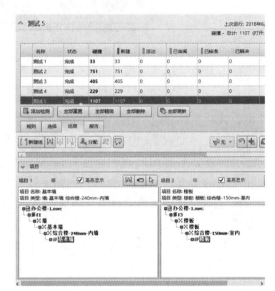

图 4-19　碰撞检查分析

在碰撞类型中可以设置硬碰撞、间隙碰撞等。碰撞分为静态碰撞和动态碰撞，静态碰撞主要用于检查图纸模型的准确性，动态碰撞就是基于时间的碰撞检测，可检测在施工过程中发生的碰撞。项目的起重机、材料堆场等，会随工程的开展，在某个进度中占用某一个空间，从而发生碰撞，此即基于时间的动态碰撞。创建 BIM 的 3D 模型是实现静态碰撞的基础，而创建 BIM 的 4D 模型是实现动态碰撞的基础。

2. 碰撞检查在装配式结构 BIM 模型优化中的应用

碰撞检查可以设置单专业内及多专业间的碰撞，大型建筑工程的设备管线众多，布置复杂，管线间、管线与结构间的碰撞众多，给施工带来了麻烦，利用碰撞检查发现项目中的碰撞冲突，并将结果反馈给专业设计人员对 BIM 模型进行调整和优化。碰撞检查在现浇结构的结构件中应用较少，因为构件采用现场浇筑，在施工之前其实并无构件的概念，碰撞时也可采用整体浇筑来处理。而对于装配式结构而言，构件大部分是从预制构件厂运输到施工现场装配施工，施工安装跟钢结构的安装相类似，也需要满足较精细的尺寸要求。装配式结构设计时从预制构件库中调用构件构建 BIM 模型，完成预设计，分析复核满足要求后，还需进行预装配的碰撞检查，检查无误后方可把 BIM 模型交付给施工单位。装配式结构碰撞检查的必要性在于：

（1）预制构件间的拼装应满足尺寸的准确性，才能保证预制构件顺利拼装。对于预制梁柱拼接时，如果梁的预制尺寸比设计时大很多，就会导致梁"嵌入"到预制柱中，导致无法装配成功。而如果梁的尺寸比设计时小很多，则导致梁与柱之间的缝隙太大，无法装配施工。对于采用灌浆套筒方式连接的预制柱，如果尺寸不能保证精确性，将导致节点无法拼装。

（2）对于预制构件拼装的节点而言，节点处的钢筋较为复杂，往往出现钢筋过于密集，钢筋无法施工，导致节点的装配无法进行。因此，节点钢筋级别的碰撞检查是必要的。如图4-20所示。

图4-20　碰撞检测

当构件间出现碰撞问题时，则需调用另外的构件，如果现场无构件代替，则需要从预制构件厂运输构件到施工现场，导致施工工期的延误。当装配节点无法施工时需进行专门的设计，使新设计的节点施工方法能够顺利实施，施工的效率将会受到很大影响。在进行BIM模型检查时，可以充分检查这些碰撞问题，提前发现施工中可能出现的问题，并通过调整和优化模型解决此类问题。

4.3.6 利用BIM模型精确算量

传统的招标投标中由于投标时间比较紧张，要求投标方高效、灵巧、精确地完成工程量计算，把更多时间运用在投标报价技巧上。这些单靠手工不仅是很难按时、保质、保量完成的，而且随着现代建筑造型趋向于复杂化，人工计算工程量的难度越来越大，快速、准确地形成工程量清单成为招投标阶段工作的难点和瓶颈。这些关键工作的完成也迫切需要信息化手段来支撑，进一步提高效率、提升准确度。

将BIM技术利用在工程量的统计上，只要是分为两部分：一是，对PC项目中所有预制构件、所需部品在类别和数量上的统计；二是，对每个预制构件所需的各类材料的统计。以便给制造厂商提供所需的物料清单，也使项目在设计阶段能够进行初步的概预算，实现对项目的把控。图4-21是该项目中预制外挂板类别和数量的统计明细表，这只需要初步的土建模型便可以进行自动化统计，从而导出结果。

工业化统计2015.3.13-1.xlsx

	A	B	C	D	E	F	G	H	I	J	K
1											
2		住宅2/3/6/7/8/4A号楼									
3		外挂板									
4		构件编号	WGB3629	WGB3629（反）	WGB3229	WGB3229（反）	WGB4629	WGB4629（反）	WGB5129	WGB5529	合计
5		位置示意									
6	33层	33F	1	1	1	1	1	1	2	2	10
7		32F	1	1	1	1	1	1	2	2	10
8		31F	1	1	1	1	1	1	2	2	10
9		30F	1	1	1	1	1	1	2	2	10
10		29F	1	1	1	1	1	1	2	2	10
11		28F	1	1	1	1	1	1	2	2	10
12		27F	1	1	1	1	1	1	2	2	10
13		26F	1	1	1	1	1	1	2	2	10
14		25F	1	1	1	1	1	1	2	2	10
15		24F	1	1	1	1	1	1	2	2	10
16		23F	1	1	1	1	1	1	2	2	10
17		22F	1	1	1	1	1	1	2	2	10
18		21F	1	1	1	1	1	1	2	2	10
19		20F	1	1	1	1	1	1	2	2	10
20		19F	1	1	1	1	1	1	2	2	10
21		18F	1	1	1	1	1	1	2	2	10
22		17F	1	1	1	1	1	1	2	2	10
23		16F	1	1	1	1	1	1	2	2	10
24		15F	1	1	1	1	1	1	2	2	10
25		14F	1	1	1	1	1	1	2	2	10
26		13F	1	1	1	1	1	1	2	2	10
27		12F	1	1	1	1	1	1	2	2	10

图 4-21　预制外挂板类别和数量的统计明细表

4.3.7　利用 BIM 模型出图

设计成果中最重要的表现形式就是施工图，施工图是含有大量技术标注的图纸，在建筑工程的施工方法仍然以人工操作为主的技术条件下，施工图有其不可替代的作用。CAD 的应用大幅度提升了设计人员绘制施工图的效率，但是，传统的方式存在的不足也是非常明显的：当产生了施工图之后，如果工程的某个局部发生设计更新，则会同时影响与该局部相关的多张图纸，如一个柱子的断面尺寸发生变化，则含有该柱的结构平面布置图、柱配筋图、建筑平面图、建筑详图等都需要再次修改，这种问题在一定程度上影响了设计质量的提高。模型是完整描述建筑空间与构件的模型，图纸可以看作模型在某一视角上的平行投影视图。基于模型自动生成图纸是一种理想的图纸产出方法，理论上，基于唯一的模型数据源，任何对工程设计的实质性修改都将反映在模型中，软件可以依据模型的修改信息自动更新所有与该修改相关的图纸，由模型到图纸的自动更新将为设计人员节省大量的图纸修改时间。施工图生成也是优秀建模软件多年来努力发展的主要功能之一，虽然，目前软件的自动出图功能还在发展中，实际应用时还需人工干预，包括修正标注信息、整理图面等工作，其效率还不是十分令人满意，但是，相信随软件的发展，该功能会逐步增强、工作效率会逐步提高。此次预制构件的出图是按照构件为单位进行的，每个构件出两张图纸：模板图和配筋图，其中包含该构件的所有信息（模型尺寸、构件配筋、施工预留预埋、墙体算量、钢筋明细），如图 4-22 所示。

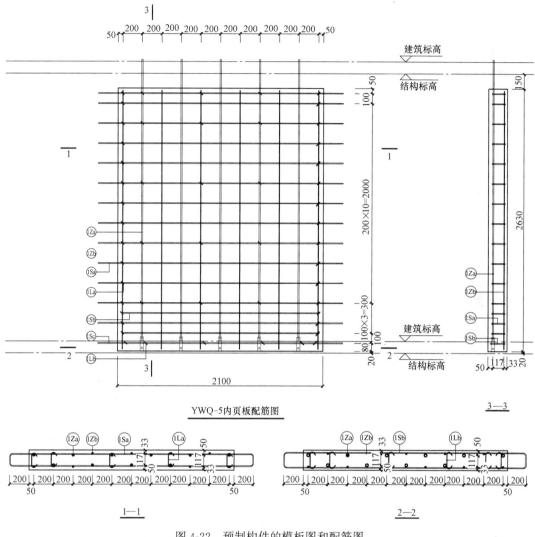

YWQ-5内页板配筋图

1—1

2—2

图 4-22 预制构件的模板图和配筋图

习　题

一、选择题

1. 基于 BIM 的装配式结构设计的各阶段不包括（　　）。

A. 预制构件库形成与完善阶段

B. BIM 模型构建阶段

C. BIM 模型分析与优化阶段

D. BIM 模型渲染阶段

2. 基于 BIM 的装配式结构设计优点不包括（　　）。

A. 以预制构件库为核心进行设计

B. 预制构件厂商都有相应的存储

C. 可以直接选用

D. 装配时间充裕

3. BIM模型建造主要应用阶段不包括（　　　）。

A. BIM模型信息共享阶段

B. 基于BIM的预制构件库的创建与应用

C. BIM模型的分析和优化

D. 经分析与优化的BIM模型可用于建造阶段的应用

4. 预制构件的编码原则不包括（　　　）。

A. 完整性　　　　　　　B. 简明性

C. 多样性　　　　　　　D. 规范性

5. 下列解释"族"定义相符的是（　　　）。

A. 单个工程项目数据模型库，包含了项目从开始规划设计到后期施工维护的所有信息

B. 依据构件的性质对构件进行归类的一类构件集合

C. 整个模型的主体框架和基础

D. 项目的基础，可创建图元等

6. 下列哪一项不符合"族"的分类（　　　）?

A. 系统族　　　　　　　B. 图元族

C. 可载入族　　　　　　D. 内建族

7. 下列信息错误的是（　　　）。

A. 装配式结构可以按照各种结构体系来进行设计

B. 所需要入库的预制构件应保证都有体现其特点并具有唯一标识的编码

C. 预制构件入库必须遵循一定的标准

D. 只有经过合理管理的构件库才能发挥巨大的使用价值

二、问答题

8. 预制构件库创建的主要步骤有哪些?

9. 模数协调对装配式结构设计具有的重要作用是什么?

参 考 答 案

1. D　2. D　3. A　4. C　5. D　6. B　7. A

8. 预制构件的分类与选择、预制构件的编码与信息创建、预制构件的审核与入库、预制构件库的管理。

9. 模数协调可以实现对建筑物按照部位进行切割，以此形成相应的部品，使得部品的模数化达到最大程度；可以使构配件、设备的放线、安装规则化使得各构配件、设备等生产厂家彼此不受约束，实现生产效益最大化，达到成本、效益的综合目标；促进各构配件、设备的互换性，使它们的互换与材料、生产方式、生产厂家无关，可以实施全寿命周期的改造；优化构配件的尺寸数量，使用少量的标准化构配件，建造不同类型的建筑，实现最大程度的多样化。

第5章

BIM在预制构件生产运输阶段的应用

【本章导读】

本章首先从 BIM 与构件生产简述开始，分析了现阶段混凝土预制件（简称 PC 构件）生产的普遍状态及问题、BIM 技术将对构件生产带来的改变以及介绍了 RFID 技术；接着介绍了 BIM 在构件生产过程中的应用：如何利用 BIM 技术设计构件模板、说明了 BIM 技术在构件生产管理中的应用。

5.1 BIM与构件生产简述

5.1.1 现阶段PC构件生产的普遍状态及问题

随着越来越多的企业开始重视建筑工业化的转型，一些PC构件的生产加工工厂也纷纷建立起来，但现阶段，所有的工厂都有面临着以下的问题：

（1）对于产品种类的不确定性导致工厂规划的不科学性。对于预制工厂在建立前的产品种类选型与定位，必须要对市场需求有一个清楚的认识，以满足市场需求为前提才是生存下去的硬道理。提前对产品的近期需求与中远期需求进行总体规划，生产符合市场需求的产品，才能保证其经济性与科学性。

（2）仅实现工厂化，未实现机械化。达到工厂化的制造方式并不困难，可以简单地理解为将工地的工作搬到了工厂车间内去完成，改变了工作场地，改善了工作环境。但是并没有提高太多的生产效率，工厂内依旧实行粗放生产，依然还是"人海战术"进行作业，对于产品质量无法很好控制。

（3）仅实现机械化，未实现自动化。在预制件的工厂化生产中引入机械化的方法后，提高了工作效率，减少了不良品的出现频率。但是在整个生产流程中都是以工作站点的形式存在，各个站点之间交流不便、协同困难，在管理方面造成很多不便，同时也不利于工艺技术的革新。

（4）仅实现自动化，未实现集团管理信息现代化。预制件自动化的流水线在如今已经逐渐被各家PC工厂所引进和使用，其特点是相对较少的占地面积就能够达到较高的产能，同时人工数量也大幅度减少，对于质量控制、安全管理等方面都有很好的表现。但是在集团跨区域统筹管理多个PC工厂时，存在的诸多问题也正是当前各大型集团公司所面临急需解决的问题。

以上描述的是信息化管理发展过程中的不同阶段的问题，即信息技术的使用度问题。现阶段大部分构件生产停留在工厂化和局部机械化的阶段，信息技术使用匮乏，因此效率很低，质量管理无法大规模管控。

5.1.2 BIM技术将对构件生产带来的改变

管理PC构件生产的全流程，是整个BIM项目流程中的一个部分，是PC构件模型的信息以及流程过程中的管理信息交织的过程，是有效进行质量、进度、成本以及安全管理的支撑，利用BIM在项目管理中独特的优势，贴合预制构件特有的生产模式，可极大提高预制构件的生产效率，有效保证预制构件的质量、规格，BIM在构件生产中的作用主要体现在以下几方面：

（1）预制构件的加工制作图纸内容理解与交底；

（2）预制构件生产资料准备，原材料统计和采购，预埋设施的选型；

（3）预制构件生产管理流程和人力资源的计划；

（4）预制构件质量的保证及品控措施；

（5）生产过程监督，保证安全准确；

（6）计划与结果的偏差分析与纠偏。

基于BIM模型的预制装配式建筑部件计算机辅助加工（CAM）技术及构件生产管理

系统，实现 BIM 信息直接导入工厂中央控制系统，与加工设备对接，PLC 识别设计信息，设计信息与加工信息共享，实现设计-加工一体化，无需设计信息的重复录入，大大减轻了工作量，从而提高了工厂的生产效率。

5.1.3 BIM 技术与 RFID 技术

RFID（Radio Frequency Identification，无线射频识别），是一种非接触式的自动识别技术，它通过射频信号自动识别目标对象并获取相关数据，识别工作无需人工干预，可工作于各种恶劣环境，RFID 技术可同时识别多个标签，操作快捷方便。

近年来，随着物联网（Internet of Things）概念的兴起和传播，RFID 技术作为物联网感知层最为成熟的技术，再度受到了人们的关注，成为物联网发展的排头兵，以简单 RFID 系统为基础，结合现有的网络技术、数据库技术、中间件技术等，借助物联网为发展契机，构筑由海量的阅读器和移动的电子标签组成的物联网，这已成为 RFID 技术发展的趋势。

RFID 系统在具体的应用过程中，根据不同的应用目的和应用环境，RFID 系统的组成会有所不同，但从 RFID 系统的工作原理来看，典型的 RFID 系统一般都由电子标签、阅读器、中间件和软件系统这些部分组成，如图 5-1 所示。

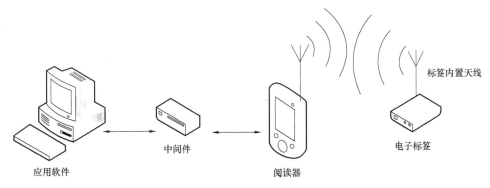

标签内置天线

电子标签

应用软件　　　　中间件　　　　　阅读器

图 5-1　RFID 系统的工作原理

RFID 的基本工作特点是阅读器与电子标签是不需要直接接触的，两者之间的信息交换是通过空间磁场或电磁场耦合来实现的，这种非接触式的特点是 RFID 技术拥有巨大发展应用空间的根本原因。另外，RFID 标签中数据的存储量大、数据可更新、读取距离大，非常适合自动化控制。RFID 具有扫描速度快、适应性好、穿透性好、数据存储量大等特点。

建筑物的生命周期的每个阶段都要依赖与其他阶段交换信息进行管理。装配式建筑理想状态下的管理，应当能够跟踪每一个建筑构件整个生命周期的信息。同时，相关的信息应以一种便捷的方式进行存储，使所有的项目参与方有效地访问这些数据。

对于数据的处理，在此提出了一种构想，即在 BIM 数据库和组件 RFID 标签中添加结构化的数据，标签上含有组件的相关数据，相关人员可以及时准确地获取这些信息，提高管理的效率和水平。

在这种 BIM 与 RFID 数据交换的构想中，目标构件在制造期置入 RFID 标签，并在几个时间点进行扫描。扫描过程读取存储的数据，或在系统要求下修改数据。扫描的数据转移到不同的软件应用程序进行处理，以管理的构件相关的活动。图 5-2 显示了 RFID 标签与 BIM 数据库相互作用的概念设计。相关应用软件通过 API 接口实现 BIM 数据库与 RFID 标签之间的信息读写。RFID 的具体信息，在设计阶段作为产品信息的一部分将添加到 BIM 数据库中。

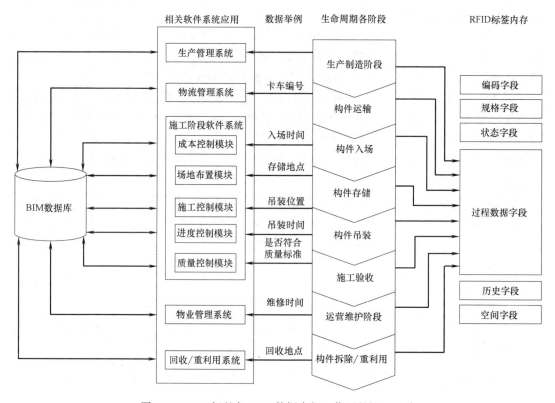

图 5-2　RFID 标签与 BIM 数据库相互作用的概念设计

上述方法虽然可以利用现有的软硬件在技术上实现，但由于较高的实施和定制成本，目前在经济上不可行。虽然 RFID 和 BIM 的应用还有很多挑战需要面对，但是作为当前建筑行业技术发展的一个主流，随着相关技术的不断成熟，必然会在建筑行业掀起一场新的技术革命。

5.2　BIM 在构件生产过程中的应用

用工业化生产的方式来建造住宅，是装配式建筑的生产特点，也是全建筑业转型升级的必然趋势。混凝土预制构件关键技术及成套装备作为建筑工业化的基础环节，其研究和开发将为实现建筑设计标准化和构件制造工厂化提供专业的技术及设备保障。将 BIM 技术可视化、参数化等优势，与预制构件生产加工流水线系统融合，在构件从原材料进场，到成品出厂的生产周期中合理利用，可使生产更加高效、管理更加便捷。

5.2.1　利用 BIM 技术设计构件模板

所谓预制构件的模具是以特定的结构形式通过一定的方式使材料成型的一种工业产品，也是能成批生产出具有一定形状和尺寸要求的工业产品零部件的一种生产工具。用预制构件模具生产构件所具备的高精度、高一致性、高生产率是任何其他加工方法所不能比拟的，在很大程度上模具决定着产品的质量、效益和新产品开发能力。模具的重要性体现在下面几点：

（1）成本：有数据显示采用装配工法的工业化建筑成本，预制构件生产和安装之比为7:3，而在预制构件的成本组成中，模具的摊销费用约占5%～10%，由此可见，模具的费用对于整个工业化建筑成本是非常重要的。拥有的模具设计的好，不仅可以减少工作量、节约时间，更可以节省成本开支。

（2）效率：生产效率对于构件厂而言是直接影响预制构件制造成本的关键因素，生产效率高预制构件成本就低，反之亦成立。影响生产效率的因素很多，模具设计合理与否是其中很关键的一个因素，如果不能在规定的节拍时间内完成拆模、组模工序，就会导致整条生产线处于停滞状态。

（3）质量：采用装配工法的工业化建筑较采用传统现浇工法建筑的一个显著特点就是精度得到极大地提升。混凝土是塑性材料，成型完全要依靠模具来实现，所以工业化预制构件的尺寸完全取决于模具的尺寸。无论是已经发布实施的国家行业标准《装配式混凝土结构技术规程》JGJ 1—2014还是各地地方标准，对预制构件的尺寸精度要求都非常高，所以模具设计的好与坏将直接影响预制构件的尺寸精度，特别是随着模具周转次数的增大，这种影响将体现得更为明显。

因而无论是从成本角度、生产效率还是构件质量方面考虑，模具设计是关系到工业化建筑成败的关键性因素。

提到了模具设计的重要性，那么如何解决这些问题就需要模具设计人员来思考、总结以往模具设计经验，模具设计师应考虑到模具的设计使用寿命、模具间通用性以及模具是否方便生产等。

完成模具设计需要综合考虑成本、生产效率和质量等因素，缺一不可。对于任何一个PC预制构件厂而言，谁控制好了模具的加工质量，谁就能在预制构件的生产质量上先拔头筹。预制构件模具的制作由于构件造型复杂，特别是三明治外墙板构件存在企口造型、灌浆套筒开口及大量的外露筋，所以采用BIM建模软件进行设计，通过其三维可视化、精准化、参数化等优势，将大量的脑力工作通过三维的手段进行简化，可直接对应构件建模进行检查纠错，BIM在预制构件模板工程中的作用体现在以下几点：

（1）模板成本控制：BIM模型被誉为参数化的模型，因此在建模的同时，各类的构件就被赋予了尺寸、型号、材料等的约束参数，BIM是经过可视化设计环境反复验证和修改的成果，由此导出的材料设备数据有很高的可信度，如材料统计功能、模板支架搭设汇总表功能，可按楼层、结构类别快速形成项目统计出混凝土、模板、钢管、方木、扣件/托等用量。精确的材料用量计算，有效提高了成本管控能力。合理的材料采购、进场安排计划，有利于保障工程进度及成本控制。在工程预算中可以参考BIM模型导出的数据，为造价控制、施工决算提供有利的依据。

（2）模板方案的编制和优化：装配式建筑模板的结构相对复杂，对模板方案从传统设计的平面施工图纸上及文字上很难把握住复杂结构，充分利用BIM模型的三维图像的显示，使其显得形象且直观。利用BIM的虚拟模型实行模拟施工能准确地验证其模板工程安全方案编制的可行性、合理性，主要查看以下三点内容：

1）支架架种与杆件、原材料的选配。利用架种、构架对施工工程的适用情况与其配合的措施是否可靠；选用杆件、原材料尺寸与质量、品质是否过关，控制的措施是否有效。

2）荷载取值。支架上承与下传荷载；包括支架立杆轴力的不均布系数等的多种取值；浇筑的先后与各层薄厚的影响；多层连支荷载的确定；倾斜杆件的水平分力与其侧力作用取值。其中主要勘验荷载能否以最大不利情形下取值。

3）架体的构造与承、传、载。有无横杆直接承载不安全的情况出现。

（3）辅助审核与技术交底：通过 BIM 模型，可进行 3D 可视化审核，审核人员应用经验会更专注于模板工程的设计合理性本身，将审核从文字、公式验算等工作中解脱出来，解决审核工作量大、与设计人员交流不顺畅、审核难度大、容易审核漏缺陷等问题；通过 BIM 模型三维显示效果，有助于技术交底和细部构造的显示，让工人更加直观地接受交底内容；采用 BIM 模型对模板施工中所有可能发生情形的"描述"认知、安全措施、防护手段以及危险预演包括依照预定的方案进行模拟施工。

基于 BIM 技术的设计软件大大提升了建模及模型的应用效率和质量，解决了模板工程设计过程中计算难、画图难、算量难、交底难四个难题。BIM 技术可视化、优化性、可出图性等方面的创新，为模板工程的发展提供了技术支持，也为控制危险源和降低成本提供了新的技术手段。

5.2.2 BIM 技术在构件生产管理中的应用

运用 BIM 技术在前期深化设计阶段所生成的构件信息模型、图纸以及物料清单等精确数据，能够帮助构件生产厂商进行生产的技术交底、物料采购准备，以及制定生产计划的安排，堆放场地的管理和成品物流计划。提前解决和避免了在构件生产的整个流程中出现异常状况。

BIM 设计信息导入中央控制室，通过明确构件信息表（各个构件对应标签，生产预埋芯片）、产量排产负荷，进一步确定不同构件的模具套数、物料进场排产、人力及产业工人配置等信息。

根据构件生产加工工序及各工序作业时间，按照项目工期要求，考虑现场构件吊装顺序排布构件装车计划和生产计划，制定排产计划。依据 BIM 提供的模型数据信息及排产计划，细化每天所需不同构件生产量、混凝土浇筑量、钢筋加工量、物料供应量、工人班组；对同一模台进行不同构件的优化布置，提高模台利用率，相应提高生产效率。

设计人员将深化设计阶段完成后的构件信息以传入数据库，转换成机械能够识别的数据格式便进入构件生产阶段。通过控制程序实现自动化生产，减少人工成本、出错率以及生产提高效率和精确程度。利用 BIM 输出的钢筋信息，通过数控机床实现对钢筋的自动裁剪、弯折，然后根据 BIM 所生成的构件图纸信息完成混凝土的浇筑、振捣，并自动传送至构件养护室进行养护，直至构件运出生产厂房实现有序堆放，预制构件的生产其主要流水作业环节，如图 5-3 所示。

图 5-3 中预制构件生产的整个工艺流程中，会一直有信息自动化的监控系统进行实时监控，一旦出现生产的故障等非正常情况，便能够及时反映给工厂管理人员，这样一来，管理人员便能迅速地做出相应措施，避免损失。而且，在这个过程中，生产系统会自动对预制构件进行信息录入，记录每一块构件的相关信息，如所耗工时数、构件类型、材料信息、出入库时间等。

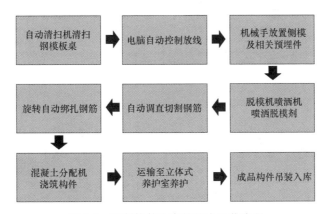

图 5-3　预制构件生产的整个工艺流程

　　在构件生产制造的阶段，为了实现构建模型与构建实体的一一对应和对预制构件的科学管理，项目计划采用 BIM 结合 RFID（射频识别技术）技术加强构件的识别性。所以，在构件生产阶段对每个构件进行 RFID 标签置入，如图 5-4 所示。

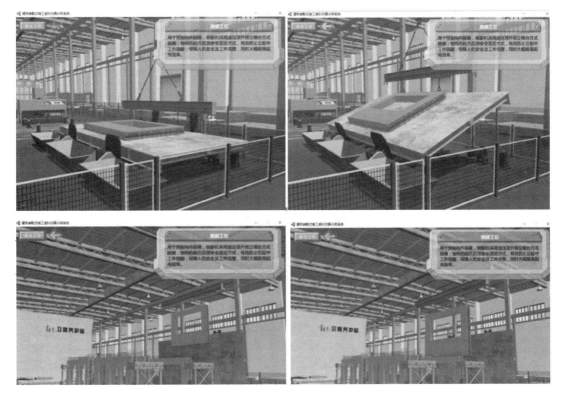

图 5-4　构件生产模拟

　　通过 RFID 技术，模型与实际构件一一对应，项目参与人员可以对 PC 构件数据进行实时查询和更新。在构件生产的过程中，人员利用构件的设计图纸数据直接进行制造生产，通过对生产的构件进行实时检测，与构件数据库中的信息不断校正，实现构件的自动化和信息化。已经生产的构件信息的录入对构件入库出库信息管理提供了基础，也使后期订单管理、构件出库、物流运输变得实时而清晰。而这一切的前提和基础，就是依靠前期精准的构件信息数据以及同一信息化平台，所以，可以看出 BIM 技术对于构件自动化生产、信息化管理的不可或缺性。

5.2.3　BIM 的设计-生产-装配一体化应用及优势

1. 基于 BIM 技术的装配式平台化设计（图 5-5）

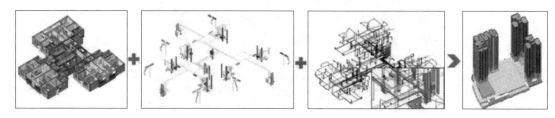

图 5-5　BIM 技术的一体化应用

（1）基于 BIM 技术的装配式建筑平台设计

基于 BIM 平台化设计软件，统一各专业的建模坐标系、命名规则、设计版本和深度，明确各专业设计协同流程、准则和专业接口，可实现装配式建筑、结构、机电、内装的三维协同设计和信息共享。

（2）创新建立装配式建筑标准化、系列化构件族库和部品件库，加强通用化设计，提高设计效率。

（3）创新装配式建筑构件参数化的标准化、模块化组装设计和深化设计。

（4）创新设计模板挂接设计、生产及装配式相关信息，模型与信息的自动关联，信息数据自动归并和集成，便于后期工厂及现场数据共享和共用。

2. 基于 BIM 的工厂生产信息化技术

（1）信息化自动加工：研究基于 BIM 设计信息的装配式结构构件信息化加工（CAM）和 MES 技术，无需人工二次录入，实现 BIM 信息直接导入加工设备和设备对设计信息的自动化加工，如图 5-6 所示。

图 5-6　CAM、MES 的工厂自动化生产和信息化管理技术

（2）信息化管理系统：研究基于 BIM 设计信息的工厂生产信息化管理技术，无需人工二次录入，实现 BIM 技术直接导入工厂中央控制室，实现工厂生产排产、物料采购、生产控制、构建查询、构件族库库存和运输的信息化管理。

3. 基于 BIM 的现场装配信息化技术（图 5-7）

基于 BIM 的设计信息，融合无线射频（RFID）、移动终端等信息技术，共享设计、生产和运输等信息实现现场装配的信息化应用，提高现场装配效率和管理精度。

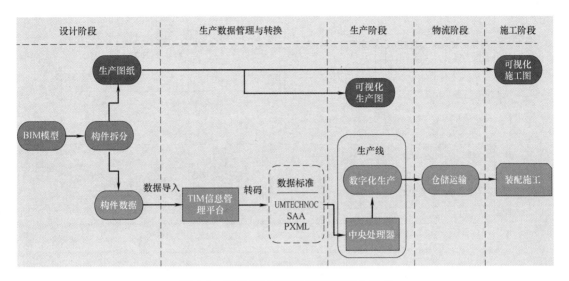

图 5-7　基于 BIM 的现场装配信息化技术

（1）施工平面管理：通过 5D BIM 模拟工程现场，有针对性的布置临时用水、电的位置，实现工程各个阶段总平面各个功能区的动态优化配置和可视化管理。

（2）工序工艺模拟及优化：基于 BIM 三维构件装配模型，对构件吊装、支撑、构建连接、安装以及机电其他专业的现场装配方案进行工序、工艺模拟以及优化。

（3）可视化建造：通过移动终端，实时查看装配式建筑的装配要点、细节节点展示，在安装操作过程中保证构件、设备、部品件等的安装的精准性和协同性。

（4）全过程信息追溯：结合物联网 RFID 技术，通过移动终端，实时查看构件、部品件的生产、运输过程信息，实现设计、生产、装配全过程的信息共享和可追溯。

（5）人员管理：实现对各工作面的劳务队伍的基础信息、进出场情况、考务人员考勤记录，便于不同作业区人员到岗情况的监控、记录。

5.3　装配式预制构件生产虚拟仿真

前文介绍了 BIM 技术在构件生产中多方面的应用，为了使读者建立起对于构件生产整个流程的概念，下文将详细介绍构件制作工厂的各个流程及流水线上的工位。如图 5-8 所示。

1. 侧翻工位

用于预制构件脱模，侧翻机采用液压顶升侧立模台方式脱模；独特的前爪后顶安全固定方式，有效防止立起中工件侧翻，保障人机安全及工件完整，同时大幅提高起吊效率。如图 5-9 所示。

2. 模台清理工位

用于模台清理，清理机采用双辊刷清扫，轻松清扫模台上的混凝土残渣及粉尘，清洁的效率更高，清洁的效果更好。如图 5-10 所示。

装模配筋 2号工位	浇筑振捣工位	摆渡工位	装模配筋 1号工位	划线工位	喷漆工位	中央控制室	模台清理工位	侧翻工位

复查工位	二次浇筑振捣工位	抹平工位	预养护窑	收光工位	拉毛工位	立体养护箱	构件堆放区

图 5-8　PC 构件工厂工位总览

图 5-9　侧翻工位

3. 中央控制室

是 PC 生产线的核心，采用基于工业以太网的控制网络，集 PMS（生产管理系统）、ERP（企业资源管理）系统、搅拌站控制系统、全景监控系统于一体，使工厂实现自动化、智能化、信息化的核心，其配套的 ERP 系统借助 RFID 技术（射频识别技术）可实现构件的订单、生产、仓储、发运、安装、维护等全生命周期管理。如图 5-11 所示。

图 5-10　模台清理工位

4. 喷漆工位

用于模台脱模剂处理,主要设备为脱模剂喷雾机,模台经过时自动喷洒脱模剂,雾化喷涂,喷涂更均匀,不留死角,效果更好;独特设计的宽幅油液回收料斗,耗料更少,便于清洁。如图5-12所示。

5. 划线工位

此工位根据图纸内容,将预制构件的模具位置通过数控方法划线。如图5-13所示。

图 5-11　中央控制室

6. 装模配筋工位

此工位可进行预制构件模板安装、配筋、水电预埋、连接件预埋等工序。如图 5-14 所示。

7. 复查工位

此工位进行对配筋、水电预埋、连接件等工序进行核对及整改。如图 5-15 所示。

8. 摆渡工位

PC 生产线中用于模台垂直方向运输的工具,主要由摆渡车组成。如图 5-16 所示。

9. 浇筑振捣工位

用于预制构件混凝土浇筑振捣,包括布料机、振动台。布料机采用程序控制,完美实

图 5-12 喷油工位

图 5-13 划线工位

图 5-14 装模配筋工位

图 5-15 复查工位

图 5-16 摆渡工位

现按图布料；可根据混凝土种类性质配置摊铺式或螺旋式布料机。振动台采用独特隔震设计，有效隔绝激振力传导于地面；无地坑式设计，使设备的安装、维护、保养更加便捷；振动系统采用零振幅启动、零振幅停止，激振力、振幅可调，有效解决构件成型过程中的层裂、内部不均质、形成气穴、密度不一致等问题。如图 5-17 所示。

图 5-17　浇筑振捣工位

10. 抹平工位

此工位进行混凝土抹平，主要设备包括：振动赶平机。振动赶平机采用二级减振，有效解决振动板与振动架之间的振动问题；小车行走的赶平方式，实现模台全覆盖赶平。如图 5-18 所示。

图 5-18　抹平工位

11. 预养护窑

用于预制构件与养护，采用低高度设计，有效减少加热空间，降低能耗；前后提升式

图 5-19 预养护窑

开关门,自动感应进出模台,充分减少窑内热量损失,高效节能。如图 5-19 所示。

12. 收光工位

此工位进行混凝土收光,主要设备包括:抹光机。抹光机的抹盘高度可调,能满足不同厚度预制板生产需要;横向纵向行走速度变频可调,保障平稳运行。如图 5-20 所示。

13. 拉毛工位

此工位可用于混凝土表面做成粗糙状,达到设计要求。如图 5-21 所示。

14. 立体养护箱

用于预制构件标准养护,采用多层叠式设计极大满足了批量生产的需要,可满足 8h 构件养护要求;每列养护室可实现独立精准的温度控制,并确保上下温度均匀;蒸汽干热加热,直接蒸汽加湿;布置形式可以采用地坑型、地面型,根据生产类型定制每一层的层高。如图 5-22 所示。

图 5-20 收光工位

图 5-21 拉毛工位

图 5-22 立体养护箱

习 题

一、选择题

1. 现阶段 PC 构件生产的普遍问题不准确的是（　　）。

A. 对于产品种类的不确定性导致工厂规划的不科学性

B. 仅实现工厂化，未实现机械化

C. 设计质量低

D. 仅实现自动化，未实现集团管理信息现代化

2. RFID 技术指的是（　　）。

A. 移动终端信息技术　　　　　　　　B. 生产虚拟仿真技术

C. 多功能高性能混凝土技术　　　　　D. 无线射频识别技术

3. 基于 BIM 的现场装配信息化技术的特点是（　　）。

A. 实现现场装配的信息化应用，提高现场装配效率和管理精度

B. 实现 BIM 信息直接导入加工设备和设备对设计信息的自动化加工

C. 实现工厂生产排产、物料采购、生产控制、构建查询、构件族库库存等的信息化管理

D. 无需人工二次录入信息

4. 侧翻工位的优点不包括（　　）。

A. 有效防止立起中工件侧翻　　　　　B. 操作极其方便

C. 保障人机安全及工件完整　　　　　D. 大幅提高起吊效率

5. 关于复查工位，表述正确的是（　　）。

A. 进行预制构件模板安装、配筋、水电预埋、连接件预埋等工序

B. 对配筋、水电预埋、连接件等工序进行核对及整改

C. 根据图纸内容，将预制构件的模具位置通过数控方法划线

D. 用于模台垂直方向运输

二、问答题

6. 通过控制程序实现自动化生产的优点有哪些？

7. 传统的模板工程设计过程中有哪些难点？

8. 可以验证模板工程安全方案编制参考答案的可行性的是什么？

参 考 答 案

1. C　　2. D　　3. A　　4. B　　5. B

6. 减少人工成本、降低出错率、提高生产效率、提高精确程度。

7. 计算难、画图难、算量难、交底难。

8. 支架架种与杆件、原材料的选配；架体的构造与承、传、载。有无横杆直接承载不安全的情况出现；荷载取值。

第6章

BIM技术在装配式建筑施工过程中的应用

【本章导读】

本章首先介绍了 BIM 技术在装配式建筑全生命管理，接着列出了 BIM 在装配式建筑施工项目管理中的应用清单、总结了 BIM 技术在施工准备阶段的应用、基于 BIM 的现场装配信息化管理、施工模拟在施工中的应用、BIM 技术在施工实施和竣工交付阶段的应用、列出了施工企业在 BIM 应用中的问题。

与传统现浇式建筑相比，装配式建筑需要在工厂生产预制构件，因此构件的生产制造须纳入全生命周期管理范围内。由此得 BIM 技术在装配式建筑全生命管理中的应用框架，如图 6-1 所示。

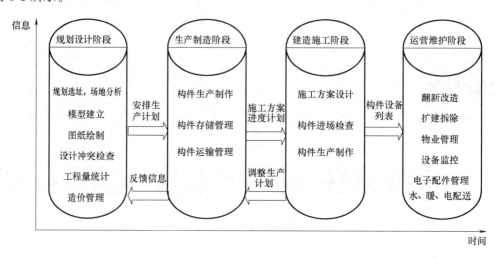

图 6-1 BIM 技术在装配式建筑全生命管理中的应用框架

6.1 BIM 技术应用清单

BIM 在装配式建筑施工项目管理中的应用主要分为五个阶段的应用，分别为招投标阶段、深化设计阶段、建造准备阶段、建造阶段和竣工支付阶段。每个阶段的具体应用点见表 6-1。

BIM 应用清单   表 6-1

阶 段	序 号	应 用 点
招投标阶段	1	技术方案展示
	2	工程量计价及报价
深化设计阶段	1	管线综合深化设计
	2	土建结构深化设计
	3	钢结构深化设计
	4	幕墙深化设计
建造准备阶段	1	施工方案管理
	2	关键工艺展示
	3	施工过程模拟
建造阶段	1	预制加工管理
	2	进度管理
	3	安全管理
	4	质量管理
	5	成本管理

阶　　段	序　　号	应　用　点
建造阶段	6	物料管理
	7	绿色施工管理
	8	工程变更管理
竣工支付阶段	1	基于三维可视化的成果验收

6.2　BIM技术在施工准备阶段的应用

1. 利用BIM技术对构件进行精细化管理

基于BIM的装配式结构设计方法中，预制构件在施工现场进行有效装配是施工的一个主要任务。同时，BIM技术注重全寿命周期的信息管理，工程各阶段的信息传递与共享至关重要，所以，现场施工的另一个主要任务是进行施工阶段信息的采集、传递与共享。

基于BIM的装配式结构设计、生产、施工的信息传递如图6-2所示，设计时从预制构件库中查询调用预制构件，可以进行装配式结构的预设计，经分析和优化后的BIM模型，结合施工单位的进度模拟，指导预制构件的生产和运输，预制构件在现场装配施工，设计的BIM模型向实体建筑转化。但是，在现场施工的预制构件与BIM模型之间的关联与信息共享并未解决。实际施工过程中的信息必须上传到BIM模型中，实现信息共享，才能实现工程的全寿命周期管理。因此，建立BIM模型和施工现场的预制构件间一一对应联系才是关键。

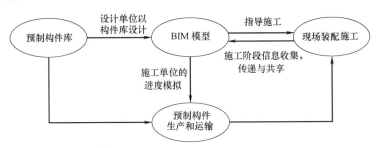

图6-2　基于BIM的装配式结构设计、生产、施工的信息传递

由图6-2中的信息传递的过程可知，要实现这种对应联系，需解决BIM模型中的预制构件与生产的预制构件的对应联系，并据此进行信息的收集。解决一一对应的关系，唯有依靠BIM模型中的ID编码和预制构件的RFID编码来实现。在Revit中，BIM模型由族、类型组成，每一种类型均包含多个实例，这些实例的属性均相同，但是却在BIM模型中不同位置代表不同的构件，区分它们的唯一标识就是ID号，ID号在BIM建模时并没有很大作用，但是在二次开发时可以通过ID号识别并调用构件。在预制构件生产时可将RFID电子标签植入预制构件内，通过RFID存储构件生产信息，并将RFID编码作为唯一区别标识。很明显，BIM模型中的预制构件应存储ID号和RFID编码，而生产的预制构件在植入的RFID芯片中的编码应存储ID号。以此实现预制构件库中的预制构件

（预制构件编码）、BIM 模型的预制构件（ID 号）、生产的预制构件（RFID 编码）之间的对应联系（图 6-3）。通过这种联系可将施工现场预制构件的施工信息上传至 BIM 模型中对应的预制构件，并运用到 4D 施工进度模拟中，实时反馈现场中的预制构件施工状态。

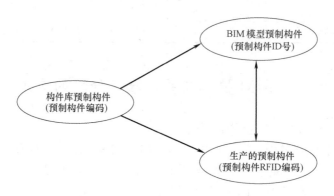

图 6-3 预制构件编码、ID 号和 RFID 编号对应关系

2. 优化整合预制构件生产流程

装配式建筑的预制构件生产阶段是装配式建筑生产周期中的重要环节，也是连接装配式建筑设计与施工的关键环节。为了保证预制构件生产中所需加工信息的准确性，预制构件生产厂家可以从装配式建筑 BIM 模型中直接调取预制构件的几何尺寸信息，制定相应的构件生产计划，并在预制构件生产的同时，向施工单位传递构件生产的进度信息。

为了保证预制构件的质量和建立装配式建筑质量可追溯机制，生产厂家可以在预制构件生产阶段为各类预制构件植入含有构件几何尺寸、材料种类、安装位置等信息的 RFID 芯片，通过 RFID 技术对预制构件进行物流管理，提高预制构件仓储和运输的效率（图 6-4）。

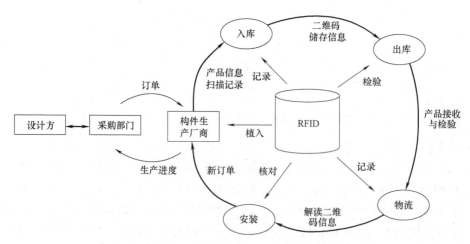

图 6-4 基于 BIM 和 RFID 技术的预制构件生产与物流流程优化

3. 加快装配式建筑模型试制过程

为了保证施工的进度和质量，在装配式建筑设计方案完成后，设计人员将 BIM 模型

中所包含的各种构配件信息与预制构件生产厂商共享，生产厂商可以直接获取产品的尺寸、材料、预制构件内钢筋的等级等参数信息，所有的设计数据及参数可以通过条形码的形式直接转换为加工参数，实现装配式建筑 BIM 模型中的预制构件设计信息与装配式建筑预制构件生产系统直接对接，提高装配式建筑预制构件生产的自动化程度和生产效率。还可以通过 3D 打印的方式，直接将装配式建筑 BIM 模型打印出来，从而极大地加快装配式建筑的试制过程，并可根据打印出的装配式建筑模型校验原有设计方案的合理性（图 6-5）。

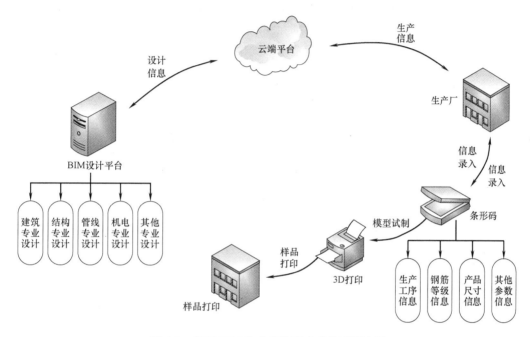

图 6-5　基于 BIM 技术的装配式建筑试制流程

6.3　基于 BIM 的现场装配信息化管理

随着计算机技术及 BIM 技术的发展，将 BIM 技术应用于装配式工程建设领域，来改善项目各参与方对装配式建筑施工过程的理解、对话、探索和交流，提高用户的工作效率和改善了生产作业方式。基于 BIM 技术的应用于装配式建筑施工过程中的各个环节中，为建筑信息的集成与共享提供了平台，通过这个平台实现对建筑施工过程的信息进行集成化管理，包括信息的提取、插入、更新和修改，改变了传统建筑业的管理方式。基于 BIM 技术对装配式建筑施工能够解决传统施工过程中各阶段、各专业之间信息不通畅、沟通不到位等问题，确保工程施工项目的工期、质量、成本得到保证和沟通协调有序进行。

基于 BIM 设计模型，通过融合无线射频（RFID）、物联网等信息技术，实现构件产品在装配过程中，充分共享装配式建筑产品的设计信息、生产信息和运输等信息，实时动态调整。

6.3.1　构件运输、安装方案的信息化控制

依赖物流平台技术，通过搭建构件工厂-现场物流配送平台，实现根据实际进度下单、配送，达到现场零库存的目标，解决大面积铺开装配式建筑后产能、场地不足的问题。根据相关规范规定预制构件的运输应符合下列规定：

（1）预制构件的运输线路应根据道路、桥梁的实际条件确定。场内运输宜设置循环线路。

（2）运输车辆应满足构件尺寸和载重要求。

（3）装卸构件时应考虑车体平衡，避免造成车体倾覆。

（4）应采取防止构件移动或倾倒的绑扎固定措施。

（5）运输细长构件时应根据需要设置水平支架。

（6）对构件边角部或链索接触处的混凝土，宜采用垫衬加以保护。

对于预制构件的堆放应符合下列规定：

（1）场地应平整、坚实，并应有良好的排水措施。

（2）应保证最下层构件垫实，预埋吊件宜向上，标识宜朝向堆垛间的通道。

（3）垫木或垫块在构件下的位置宜与脱模、吊装时的起吊位置一致。重叠堆放构件时，每层构件间的垫木或垫块应在同一垂直线上。

（4）堆垛层数应根据构件与垫木或垫块的承载能力及堆垛的稳定性确定，必要时应设置防止构件倾覆的支架。

（5）施工现场堆放的构件，宜按安装顺序分类堆放，堆垛宜布置在吊车工作范围内且不受其他工序施工作业影响的区域。

（6）预应力构件的堆放应考虑反拱的影响。

墙板构件应根据施工要求选择堆放和运输方式。对于外观复杂墙板宜采用插放架或靠放架直立堆放、直立运输。插放架、靠放架应有足够的强度、刚度和稳定性。采用靠放架直立堆放的墙板宜对称靠放、饰面朝外，倾斜角度不宜小于80°。装配式构件常见形式如图6-6所示。

通过对构件的预埋芯片，实现基于构件的设计信息、生产信息、运输信息、装配信息的信息共享，通过安装方案的制定，明确相对应构件的生产、装车、运输计划。如图6-7所示。依据现场构件吊装的需求和运输情况的分析，通过构件安装计划与装车、运输计划的协同，明确装车、运输构件类型及数量，协同配送装车、协同配送运输，保证满足构件现场及时准确的安装需求。

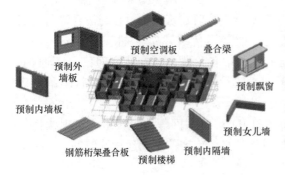

图6-6　装配式构件

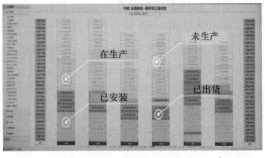

图6-7　生产信息

6.3.2 装配现场的工作面管理

项目施工过程是一种多因素影响的复杂建造活动，往往在实施过程中参与方较多，甚至出现多工种、多专业的同时相互交叉运作，故在施工前期对其场地进行合理的优化布置很有必要。场地合理的功能分区划分及布置，有利于后期施工过程的准确高效进行，对施工安全质量的保障影响重大。

通过已经建立好的模型对施工平面组织、材料堆场、现场临时建筑及运输通道进行模拟，调整建筑机械（塔式起重机、施工电梯）等安排；利用BIM模型分阶段统计工程量的功能，按照施工进度分阶段统计工程量，计算体积，再将建筑人工和建筑机械的使用安排结合，实现施工平面、设备材料进场的组织安排。具体应用组织如下：

临时建筑：对现场临时建筑进行模拟，分阶段备工备料，计算出该建筑占地面积，科学计划施工时间和空间。

场地堆放的布置：通过BIM模型分析各建筑以及机械等之间的关系，分阶段统计出现场材料的工程量，合理安排该阶段材料堆放的位置和堆放所需的空间。利于现场施工流水段顺利进行。

机械运输（包括塔式起重机、施工电梯）等安排：塔式起重机安排，在施工平面中，以塔式起重机半径展开，确定塔式起重机吊装范围。通过四维施工模拟施工进度，显示整个施工进度中塔式起重机的安装及拆除过程，和现场塔式起重机的位置及高度变化进行对比。施工电梯的安排应结合施工进度，利用BIM模型分阶段备工备料，统计出该阶段材料的量，加上该阶段的人员数量，与电梯运载能力对比，科学计算完成的工作量。

在施工前对场地进行分析及整体规划，处理好各分区的空间平面关系，从而保障施工组织流程的正常推进及运行。施工场地规划主要包括承包分区划分、功能分区划分、交通要道组织等。基于Revit软件中的场地建模功能可对项目整体分区及周边交通进行三维建模布置，通过三维高度可视化的展示，可对其布置方案进行直观检查及调整。

通过5D-BIM模拟工程现场的实际情况，有针对性的布置临时用水、用电位置，实现工程各个阶段总平面各功能区的（构件及材料堆场、场内道路、临建等）动态优化配置，可视化管理如图6-8～图6-13所示。

6.3.3 装配现场施工关键工艺展示

对于工程施工的关键部位，如预制关键构件及部位的拼装，其安装相对比较复杂，因此合理的安装方案非常重要，正确的安装方法能够省时省费，传统方法只有工程实施时才

图 6-8 桩基阶段平面布置

图 6-9 基坑阶段平面布置

图 6-10　地下室阶段平面布置

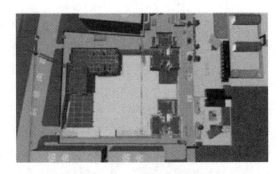

图 6-11　正负零平面布置

图 6-12　主体阶段平面布置

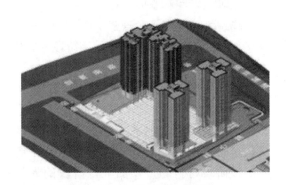

图 6-13　结构封顶平面布置

能得到验证，容易造成了二次返工等问题。同时，传统方法是施工人员在完全领会设计意图之后，再传达给建筑工人，相对专业性的术语及步骤对于工人来说难以完全领会。基于BIM 技术，能够提前对重要部位的安装进行动态展示，提供施工方案讨论和技术交流的虚拟现实信息。基于 BIM 的装配式结构设计方法中调整优化后的 BIM 模型可用于指导预制构件的生产和装配式结构的施工。进度模拟能够优化预制构件装取施工的过程，并能够体现预制构件在施工时的需求量，所以利用进度模拟指导预制构件的生产和运输，可保证预制构件的及时供应以及施工现场的"零堆放"。通过进度模拟，可对每个时间点需要的预制构件数目一目了然，可以依据 BIM 模型同预制构件厂商议预制构件的订货。同时每个预制构件的进场时间等均可附加在 BIM 模型中的进场日期属性中，并通过时间的设置使得 BIM 模型中的预制构件呈现三种状态：已完成施工、正在施工和未施工，通过这样的 BIM 模型，施工方可方便的对施工现场管理控制，并实时监控预制构件的生产和运输情况。预制构件厂可以根据需要直接从预制构件库中调取构件进行生产，不再需要复杂的深化设计过程。

在复杂工程中的某些复杂区域，结构情况错综复杂，进行施工技术交底时无法对其特点、施工方法详尽说明，这时可采用三维可视化施工交底，但是有时三维可视化施工也不能满足要求，这时则需要进行复杂节点的施工模拟，使施工人员迅速了解施工过程与方法。节点的施工模拟需要定义操作过程的先后顺序，将其与节点的各个部件关联，通过施工动画的形式将节点的施工过程形象地展示在施工人员面前，对于迅速了解并掌握施工方法具有重要作用。同时，节点的施工模拟也可以检验节点的设计是否能够进行实际施工，当不能施工时则需要进行重新设计。如图 6-14 所示。

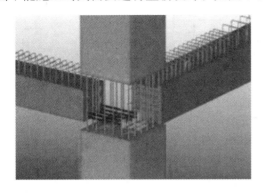

图 6-14　BIM 模拟施工节点

基于综合优化后的 BIM 模型，可对构件吊装、支撑、构件连接、安装以及机电其他专业的现场装配方案进行工序及工艺模拟及优化。

6.3.4　装配现场的进度信息化管理

施工进度可视化模拟过程实质上是一次根据施工实施步骤及时间安排计划对整体建筑、结构进行高度逼真的虚拟建造过程，根据模拟情况，可对施工进度计划进行检验，包括是否存在空间碰撞、时间冲突、人员冲突及流程冲突等不合理问题，并针对具体冲突问题，对施工进度计划进行修正及调整。计划施工进度模拟是将三维模型和进度计划集成，实现基于时间维度的施工进度模拟。可以按照天、周、月等时间单位进行项目施工进度模拟。对项目的重点或难点部分进行细致的可视化模拟，进行诸如施工操作空间共享、施工机械配置规划、构件安装工序、材料的运输堆放安排等。施工进度优化也是一个不断重复模拟与改进的过程，以获得有效的施工进度安排，达到资源优化配置的目的。

通过将 BIM 与施工进度计划相链接，将空间信息与时间信息整合在一个可视的 4D（3D＋Time）模型中，可以直观、精确地反映整个建筑的施工过程。基于 BIM 的虚拟建造技术的进度管理通过反复的施工过程模拟，让那些在施工阶段可能出现的问题在模拟的环境中提前发生，逐一修改，并提前制定应对计划，使进度计划和施工方案最优，再用来指导实际的施工，从而保证项目施工的顺利完成。施工模拟应用于项目整个建造阶段，真正地做到前期指导施工、过程把控施工、结果校核施工，实现项目的精细化管理。

为了有效解决传统横道图等表达方式的可视化不足等问题，基于 BIM 技术，通过 BIM 模型与施工进度计划的链接，将时间信息附加到可视化三维空间模型中，不仅可以直观、精确地反映整个建筑的施工过程，还能够实时追踪当前的进度状态，分析影响进度的因素，协调各专业，制定应对措施，以缩短工期、降低成本、提高质量。施工进度模拟及控制流程如图 6-15 所示。

目前常用的 4D-BIM 施工管理系统或施工进度模拟软件很多。本节采用的是 Autodesk 系列的 Navisworks Manager 对整个结构、建筑施工进行可视化进度模拟。其模拟过程可大致分为以下步骤：

（1）将 BIM 模型进行载入；

（2）编写施工计划进度表；

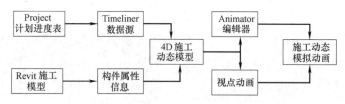

图 6-15　施工进度模拟及控制流程图

（3）将计划进度表与 BIM 模型链接；

（4）制定构件运动路径，并与时间链接；

（5）设置动画视点并输出施工模拟动画。

1. BIM 模型载入 Navisworks

根据施工图纸进行各专业的模型搭建；BIM 模型主要包含但不限于建筑、结构、机电、施工工艺模拟用的模板、脚手架、塔式起重机等 BIM 模型。所有 BIM 模型建立的流程都是一致的。通过 Reivt2014 我们需要把结构建筑以及设备专业模型导出 NWC 文件格式。Navisworks 提供两种方法：附加与合并，区别在于"合并"可以把重复的信息如标记删除掉。全部加进去后即可以进行 BIM 常说的专业协调工作。

2. 编写施工计划进度表（图 6-16）

4D 施工模拟是在 3D 施工模拟的基础上加上时间轴，即进度信息，能够更直观、全面地为用户提供施工信息。首先导入 Project 或者 Excel 文件，在 Timeliner 属性栏里找到数据源进行添加 Project 或者 Excel 文件。

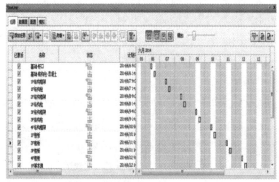

图 6-16　施工计划进度表

3. 将计划进度表与 BIM 模型链接

把时间进度表与导入 Navisworks 的 NWC 格式文件的模型进行关联，从而与时间节点相对应。使实际现场项目施工时间与 Navisworks 模型相对应。

4. 制定构件运动路径，并与时间链接

导入的 NWC 模型文件进行模拟动画路径的编辑，建筑、结构可以按照自下而上或者逐层生长的方式进行路线的编辑。各专业模型依次进行编辑。最后编辑好的模型与时间点相对应，从而实现项目到指定的时间点，模型按照相应路径进行移动。

5. 设置动画视点并输出施工模拟动画（图 6-17）

把已经实现好的模型进行动画的导出。Navisworks 动画包含场景动画和对象动画两种，场景动画就是常规的漫游，就跟 Revit 中的漫游一样。根据相机的运动产生相机关键帧和运动时间关键帧；对象动画是指对象的角度。利用 BIM 技术进行进度管理和进度的优化，利用 BIM 模型、协同平台，以及现场结合 BIM 和移动智能终端拍照应用相结合提升问题沟通效率。同时，加入时间的模型，能对施工现场的进度实现更好的调控，增强了应付突发状况的能力，确保建筑按时完工。

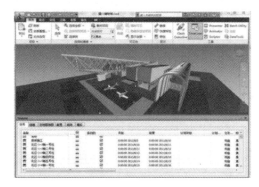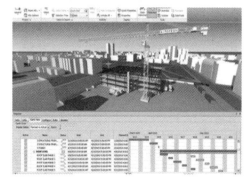

图 6-17　施工模拟动画

6.3.5　装配现场的商务合约和成本信息化控制

工程项目的成本控制与管理，是指施工企业在工程项目施工过程中，将成本控制的观念充分渗透到施工技术和施工管理的措施中，通过实施有效的管理活动，对工程施工过程中所发生的一切经济资源和费用开支等成本信息进行系统地预测、计划、组织、控制、核算和分析等一系列管理工作，使工程项目施工的实际费用控制在预定的计划成本范围内。由此可见，工程施工成本控制贯穿于工程项目管理活动的全过程，包括项目投标、施工准备、施工过程中、竣工验收阶段，其中的每个环节都离不开成本管理和控制。

1. 实现工程量的自动计算及各维度（时间、部位、专业）的工程量汇总

工程量是以自然计量单位或物理计量单位表示的各分项工程或结构构件的工程数量。工程造价以工程量为基本依据，工程量计算的准确与否，直接影响工程造价的准确性，以及工程建设的投资控制。工程量是施工企业编制施工作业计划，合理安排施工进度，组织现场劳动力、材料以及机械的重要依据，也是向工程建设投资方结算工程价款的重要凭证。传统算量方法依据施工图（二维图纸），存在工作效率较低、容易出现遗漏、计量精细度不高等问题。

使用 BIM 模型来取代图纸，直接生成所需材料的名称、数量和尺寸等信息，通过此模型，系统能识别模型中的不同构件，并自动提取建筑构件的清单类型和工程量（如体积、质量、面积、长度等）等信息，自动计算建筑构件的资源用量及成本，用以指导实际材料物资的采购。而且 BIM 对于图纸的信息将始终与设计保持一致，在设计出现变更时，该变更将自动反映到所有相关的材料明细表中，造价工程师使用的所有构件信息也会随之变化。如图 6-18 所示。

2. 实现主、分包合同信息的关联

工程合同管理是对项目合同的策划、签订、履行、变更以及争端解决的管理，其中合同变更管理是合同管理的重点。合同管理伴随着整个项目全生命周期的信息的传递和共享，BIM 在信息的存储、传递、共享方面的完整性和准确性，为合同管理带来了极大的方便。

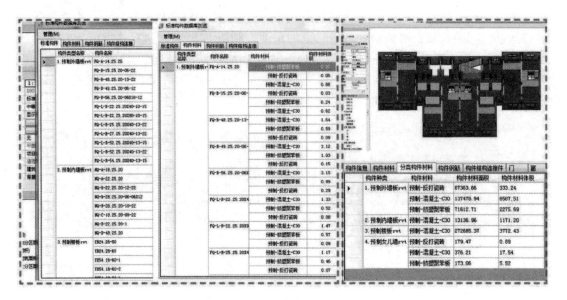

图 6-18　工程量清单算量明细表

此外，对于进度款的申请与支付方面，传统模式下工程进度款申请和支付结算工作较为繁琐，基于 BIM 能够快速准确的统计出各类构件的数量，减少预算的工作量，且能形象、快速地完成工程量拆分和重新汇总，为工程进度款结算工作提供技术支持。

6.3.6　装配现场质量管理

在工程建设中，无论是勘察、设计、施工还是机电设备的安装，影响工程质量的因素主要有"人、机、料、法、环"等五大方面，即：人工、机械、材料、方法、环境。所以工程项目的质量管理主要是对这五个方面进行控制。

工程实践表明，大部分传统管理方法在理论上的作用很难在工程实际中得到发挥。由于受实际条件和操作工具的限制，这些方法的理论作用只能得到部分发挥，甚至得不到发挥，影响了工程项目质量管理的工作效率，造成工程项目的质量目标最终不能完全实现。工程施工过程中，施工人员专业技能不足、材料的使用不规范、不按设计或规范进行施工、不能准确预知完工后的质量效果、各个专业工种相互影响等问题对工程质量管理造成一定的影响。

BIM 技术的引入不仅提供一种"可视化"的管理模式，而且能够充分发掘传统技术的潜在能量，使其更充分、更有效地为工程项目质量管理工作服务。传统的二维管控质量的方法是将各专业平面图叠加，结合局部剖面图，设计审核校对人员凭经验发现错误，难以全面分析。而三维参数化的质量控制，是利用三维模型，通过计算机自动实时检测管线碰撞，精确性高。二维质量控制与三维质量控制的优缺点对比见表 6-2。

传统二维质量控制与三维质量控制优缺点对比　　表 6-2

传统二维质量控制缺陷	三维质量控制优点
手工整合图纸,凭借经验判断,难以全面分析	电脑自动在各专业间进行全面检验,精确度高
均为局部调整,存在顾此失彼情况	在任意位置剖切大样及轴测图大样,观察并调整该处管线标高关系

传统二维质量控制缺陷	三维质量控制优点
标高多为原则性确定相对位置,大量管线没有精确确定标高	轻松发现影响净高的瓶颈位置
通过"平面＋局部剖面"的方式,对于多管交叉的复制部位表达不够充分	在综合模型中进行直观的表达碰撞检测结果

基于 BIM 的工程项目质量管理包括产品质量管理及技术质量管理。

产品质量管理:BIM 模型储存了大量的建筑构件、设备信息。通过软件平台,可快速查找所需的材料及构配件信息,规格、材质、尺寸要求等,并可根据 BIM 设计模型,可对现场施工作业产品进行追踪、记录、分析,掌握现场施工的不确定因素,避免不良后果的出现,监控施工质量。

技术质量管理:通过 BIM 的软件平台动态模拟施工技术流程,再由施工人员按照仿真施工流程施工,确保施工技术信息的传递不会出现偏差,避免实际做法和计划做法不一样的情况出现,减少不可预见情况的发生,监控施工质量。

6.3.7 装配现场安全管理

相对于一般的工业生产,由于建筑施工生产的特殊性,工程施工具有其自身的特点。现在的建筑结构复杂、层数多,其在结构设计、现场工艺、施工技术等方面要求提升,因此施工现场复杂多变,安全问题较多。建筑施工安全问题见表 6-3。

建筑施工安全问题   表 6-3

施 工 特 点	安 全 问 题
施工作业场所的固化使安全生产环境受到限制	工程项目坐落在一个固定的位置,项目一旦开始就不可能再进行移动,这就要求施工人员必须在有限的场地和空间集中大量的人、材、机来进行施工,因而容易产生安全事故
施工周期长、露天作业使劳务人员作业条件十分恶劣	由于施工项目体积庞大,从基础、主体到竣工,施工时间长,且大约 70%的工作需露天进行,劳动者要忍受不同季节和恶劣环境的变化,工作条件极差,很容易在恶劣天气发生安全事故
施工多为多工种立体作业,人员多且工种复杂	劳务人员大多具有流动性、临时性,没有受过专业的训练,技术水平不高,安全意识不强,施工中由于违反操作而容易引起安全事故
施工生产的流动性要求安全管理举措及时、到位	当一个施工项目完成后,劳务人员转移到新的施工地点,脚手架、施工机械需重新搭建安装,这些流动因素都包含了不安全性
生产工艺的复杂多变	生产工艺的复杂多变要求完善的配套安全技术措施作为保障,且建筑安全技术涉及高危作业、电气、运输、起重、机械加工和防火、防毒、防爆等多工种交叉作业,组织安全技术培训难度大

BIM 技术能够很好应用于建筑寿命周期中的各个阶段,尤其是在施工阶段,BIM 不仅建立了真实的施工现场环境,其 4D 虚拟施工技术还能够动态的展现整个施工过程,这正是模拟劳务人员疏散所需的模型环境。将建立好的施工场景导入疏散软件中作为疏散场景,通过参数的设定进行疏散模拟分析。从另一个角度考虑,BIM 技术建立的施工动态场景正是进行动态疏散模拟的最佳环境,如果在 BIM 软件中进行二次开发,附加安全疏散模拟分析模块,将疏散仿真软件中的分析功能添加进去,就能以最真实的场景进行疏散模拟分析,其结果更加准确,极大地发挥了 BIM 技术优势。具体仿真疏散框架设计如图 6-19 所示。

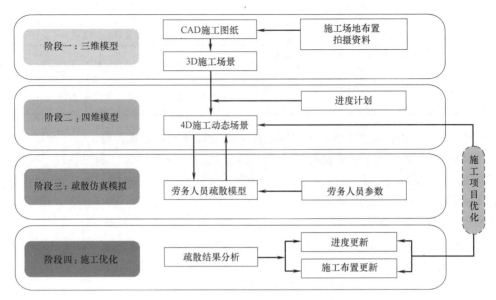

图 6-19　施工人员安全仿真疏散设计框架

建立了基于 BIM 技术的施工劳务人员安全疏散体系，基于 BIM 技术建立了施工场景的静态场景和动态场景，将动态场景中的某阶段施工场景抽离出来和疏散仿真技术相结合，建立了施工人员的安全疏散模型，将疏散模拟的结果进行分析并反馈到施工项目管理中，进行施工优化。

6.3.8　绿色装配现场施工管理

绿色建筑是指在建筑的全寿命周期内，最大限度地节约资源（节能、节地、节水、节材）、保护环境和减少污染，为人们提供健康、适用和高效的使用空间，与自然和谐共生的建筑。同样 BIM 技术的出现也打破了业主、设计、施工、运营之间的隔阂和界限，实现对建筑全生命周期管理。绿色建筑目标的实现离不开设计、规划、施工、运营等各个环节的绿色，而 BIM 技术则是助推各个环节向绿色指标靠得更近的先进技术手段。

施工场地规划利用 BIM 模型对施工现场进行科学的三维立体规划，板房、停车场、材料堆放场等构件均建立参数化可调族，配合施工组织进行合理的布置如图 6-20 所示。

随着工程的进展施工场地规划可以进行相应的调整，直观地反映施工现场各个阶段的

图 6-20　施工现场合理的布置

情况，提前发现场地规划问题并及时修改，保证现场道路畅通，消除安全隐患，为工程顺利实施提供了保障。在模拟过程中，根据施工进度和工序的安排，编制 Project，导入 Navisworks 进行施工进度模拟。结合 Revit 明细表对不同施工阶段各部位所需各种材料的统计，完成各施工阶段不同材料堆放场地的规划，实现施工材料堆放场地"专时、专料、专用"的精细化管理，避免因工序工期安排不合理造成的材料、机械堆积或滞后，避免了有限场地空间的浪费，最大化利用现场的每一块空地。

构建基于 BIM 技术的绿色施工信息化管理体系不仅要充分利用 BIM 技术的优势，最关键的是要融入绿色施工理念，实现绿色施工管理的目标。基于 BIM 技术的绿色施工信息化管理体系主要包括以下四个要素（图 6-21）。

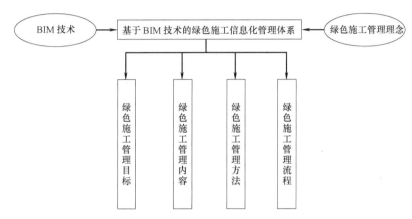

图 6-21　基于 BIM 技术的绿色施工信息化管理体系

1. 基于 BIM 技术的绿色施工信息化管理的目标

"BIM 能做什么"是建立基于 BIM 技术的绿色施工信息化管理目标的前提，结合绿色施工的要求主要达到以下几个方面的目标：节约成本、缩短工期、提高质量、"四节一环保"。

2. 基于 BIM 技术的绿色施工信息化管理的内容

"应该用 BIM 做什么"。应该确定基于 BIM 技术的绿色施工信息化管理的内容，从绿色施工管理的角度可以划分为事前策划、事中控制、事后评价三个部分。

3. 基于 BIM 技术的绿色施工信息化管理的方法

绿色施工是一种理念、是一种管理模式，它与 BIM 技术相结合的管理方法主要体现在 BIM 技术在节地、节水、节材、节能与环境保护方面的具体运用。

4. 基于 BIM 技术的绿色施工信息化管理的流程

构建基于 BIM 技术的绿色施工信息化管理管理体系，实施有效的绿色施工管理，对管理流程分析和建立必不可少。涉及其中的流程，除了从总体角度建立整个项目的绿色施工管理流程，还应该根据不同的管理需要，将 BIM 技术融入成本管理、质量管理、安全管理、进度管理等流程之中。

6.4　施工模拟施工应用

施工模拟就是基于虚拟现实技术，在计算机提供的虚拟可视化三维环境中对工程项目过程按照施工组织设计进行模拟，根据模拟结果调整施工顺序，以得到最优的施工方案。施工模拟通过结合 BIM 技术和仿真技术进行，具有数字化的施工模拟环境，各种施工环境、施工机械及人员等都以模型的形式出现，以此来仿真实际施工现场的施工布置、资源的消耗等。因为模拟的施工机械、人员、材料是真实可靠的，所以施工模拟的结果可信度很高。施工模拟具有的优势有：

（1）先模拟后施工。在实际施工前对施工方案进行模拟论证，可观测整个施工过程，对不合理的部分进行修改，特别是对资源和进度方面实行有效地控制。

（2）协调施工进度和所需要的资源。实际施工的进度和所需要的资源受到多方面因素的影响，对其进行一定程度的施工模拟，可以更好地协调施工中的进度和资源使用情况。

（3）可靠地预测安全风险。通过施工模拟，可提前发现施工过程中可能出现的安全问题，并制定方案规避风险，同时减少了设计变更，并节省了资源。

施工进度模拟的目的，在于总控时间节点要求下，以 BIM 方式表达、推敲、验证进度计划的合理性，充分准确显示施工进度中各个时间点的计划形象进度，以及对进度实际实施情况的追踪表达。

通过将 BIM 与施工进度计划相连接，将空间信息与时间信息整合在一个可视的 4D（3D＋Time）模型中，可以直观、精确地反映整个建筑的施工过程。4D 施工模拟技术可以在项目建造过程中合理制定施工计划、精确掌握施工进度，优化使用施工资源以及科学地进行场地布置，直观地对各分包、各专业的进场、退场节点和顺序进行安排，达到对整个工程的施工进度、资源和质量进行统一管理和控制，以缩短工期、降低成本、提高质量。此外借助 4D 模型，BIM 可以协助评标专家从 4D 模型中很快了解投标单位对投标项目主要施工的控制方法、施工安排是否均衡、总体计划是否基本合理等，从而对投标单位的施工经验和实力做出有效评估。

1. 总体施工进度模拟（图 6-22）

通过将 BIM 与施工进度计划相链接，将空间信息与时间信息整合在一个可视的 4D 模型中，可以直观、精确地反映整个建筑的施工过程。基于 BIM 的虚拟建造技术的进度管理通过反复的施工过程模拟，让那些在施工阶段可能出现的问题在模拟的环境中提前发生，逐一修改，并提前制定应对计划，使进度计划化和施工方案达到最优，再用来指导实际的施工，从而保证项目施工的顺利完成。施工模拟应用于项目整个建造阶段，真正地做到前期指导施工、过程把控施工、结果校核施工，实现项目的精细化管理。

2. 施工场地布置模拟

为使现场使用合理，施工平面布置应有条理，尽量减少占用施工用地，使平面布置紧凑合理，同时做到场容整齐清洁、道路畅通，符合防火安全及文明施工的要求。施工过程中应避免多个工种在同一场地、同一区域进行施工而相互牵制、相互干扰。施工现场应设专人负责管理，使各项材料、机具等按已审定的现场施工平面布置图的位置堆放。

基于建立的 BIM 三维模型及搭建的各种临时设施，可以对施工场地进行布置，合理安排塔式起重机、库房、加工厂地和生活区等的位置，解决现场施工场地平面布置问题，解决现场场地划分问题；通过与业主的可视化沟通协调，对施工场地进行优化，选择最优施工路线。

利用 BIM 进行三维动态展现施工现场布置，划分功能区域，便于场地分析。某工程

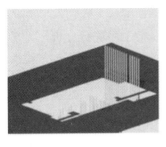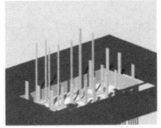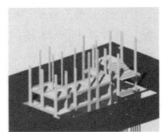

图 6-22　总体施工进度模拟

基于 BIM 的施工场地布置方案规划示例如图 6-23 所示。

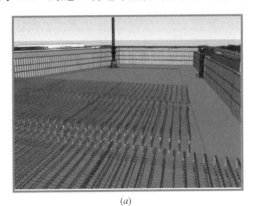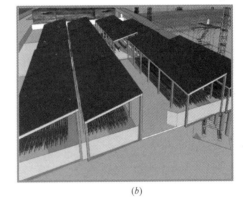

(a)　　　　　　　　　　　　　　　　(b)

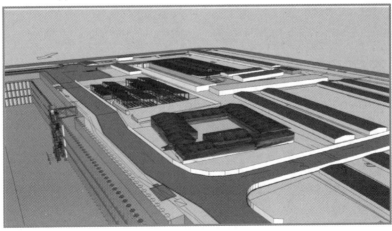

(c)

图 6-23　基于 BIM 的场地布置示例图

(a) 钢筋笼堆放区；(b) 原材堆放区；(c) 厂区设备区

3. 专项施工布置模拟

通过 BIM 技术指导编制专项施工方案，可以直观地对复杂工序进行分析，将复杂部位简单化、透明化，提前模拟方案编制后的现场施工状态，对现场可能存在的危险源、安全隐患、消防隐患等提前排查，对专项方案的施工工序进行合理排布，有利于方案的专项性、合理性。

以某工程为例根据其具体工程内容可将施工方案进一步细分，具体情况见表 6-4。

专项施工方案表　　　　　　　　　　　　　　　　　　表 6-4

序号	各专项方案	说　　明
1	土方开挖方案(图 6-24)	利用三维模型进行土方开挖方案的验证； 对支护方案进行优化，节约了近 14m 的支护成本
2	基础浇筑方案(图 6-25)	基础变标高连接做法、集水坑以及电梯井模型——进入方案库
3	测量方案模拟(图 6-26)	平台共享测量数据； 吊装顺序对测量影响； 结合两台塔式起重机的运输配合
4	幕墙方案(图 6-27)	对幕墙专业设计图纸进行模型建立后，同厂家一同进行幕墙三维深化设计，同时加入幕墙安装方式模拟、施工工序交叉、运输作业
5	精装修方案(图 6-28)	由总包负责精装修模型建立，根据模型验证装修效果，提出对各分包深化的意见

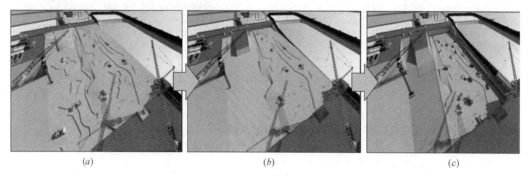

图 6-24　土方开挖方案
(a) 开挖阶段；(b) 下挖阶段；(c) 挖槽完毕

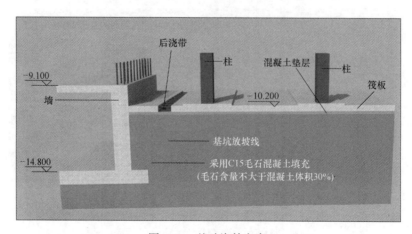

图 6-25　基础浇筑方案

图 6-26　桁架层定位测量

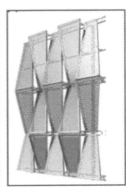

图 6-27　幕墙方案

4. 施工工艺模拟

在本工程重难点施工方案、特殊施工工艺实施前，运用 BIM 系统三维模型进行真实模拟，从中找出实施方案中的不足，并对实施方案进行修改，同时，可以模拟多套施工方案进行专家比选，最终达到最佳施工方案，在施工过程中，通过施工方案、工艺的三维模拟，给施工操作人员进行可视化交底，使施工难度降到最低，做到施工前的有的放矢，确保施工质量与安全。

图 6-28　精装修方案

模拟方案包括但不限于以下两点：

（1）施工节点模拟（图 6-29）。通过 BIM 模型加工深化，能快速帮助施工人员展示复杂节点的位置，节点展示配合碰撞检查功能，将大幅增加深化设计阶段的效率及模型准确度，也为现场施工提供支持，更加形象直观的表达复杂节点的设计结果和施工方案。模型可按节点、按专业多角度进行组合检查，不同于传统的二维图纸和文档方式，通过三维模型可以更加直观的完成技术交底和方案交底，提高项目人员沟通效率和交底效果。

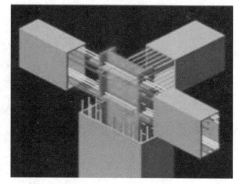

图 6-29　施工节点模拟

（2）工序模拟。可以通过 BIM 模型和模拟视频对现场施工技术方案和重点施工方案进行优化设计、可行性分析及可视化技术交底，进一步优化施工方案，提高施工方案质量，有利于施工人员更加清晰、准确的理解施工方案，避免施工过程中出现错误，从而保证施工进度、提高施工质量。如图 6-30 所示。

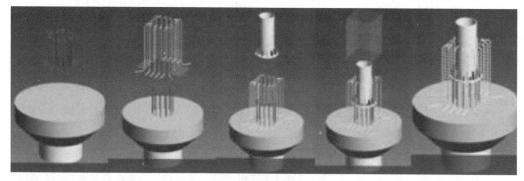

图 6-30　柱脚施工工序模拟

5. BIM 与一体化装修

土建装修一体化作为工业化的生产方式可以促进全过程的生产效率提高，将装修阶段的标准化设计集成到方案设计阶段可以有效地对生产资源进行合理配置。如图 6-31 所示。

通过可视化的便利进行室内渲染，可以保证室内的空间品质，帮助设计师进行精细化和优化设计。整体卫浴等统一部品的 BIM 设计、模拟安装，可以实现设计优化、成本统计、安装指导。如图 6-32 和图 6-33 所示。

产业链中各家具生产厂商的商品信息都集成到 BIM 模型中，为内装部品的算量统计提供数据支持。对装修需要定制的部品和家具，可以在方案阶段就与生产厂家对接，实现家具的工厂批量化生产，同时预留好土建接口，按照模块化集成的原则确保其模数协调、机电支撑系统协调及整体协调。

装修设计工作应在建筑设计时同期开展，将居室空间分解为几个功能区域，每个区域视为一个相对独立的功能模块，如厨房模块、卫生间模块。在模块化设计时，综合考虑部品的尺寸关系，采用标准模数对空间及部品进行设计，以利于部品的工厂化生产。如图 6-34 所示。

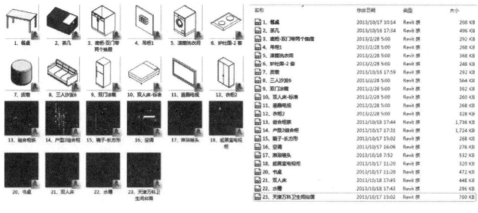

图 6-31 精装产品库建设

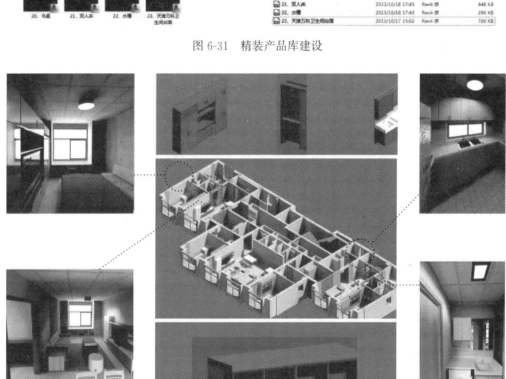

图 6-32 家居库

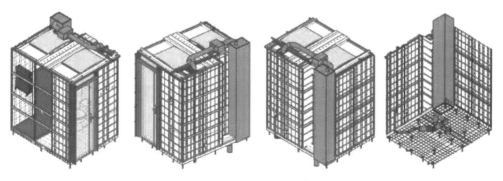

图 6-33 精装集成卫浴

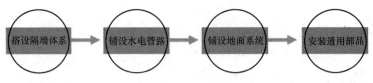

图 6-34 一体化装修流程

6. BIM竣工模型运维管理阶段

根据实际现场施工结果，搭建竣工模型，以达到以下目的：得到竣工模型，进行虚拟漫游和三维可视化展示，方便沟通交流及信息传递；方便后期应用时进行建筑、市政管网、室内设施的维护管理；空间管理，包括租金、租期、物业信息管理等。

竣工模型，即导入专业物维管理软件获得的实施更新的房间信息、设施设备信息的模型，如图 6-35 所示。

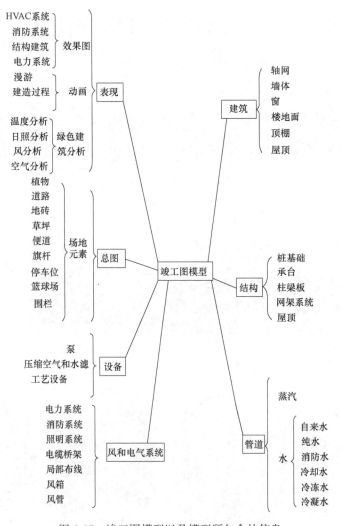

图 6-35 竣工图模型以及模型所包含的信息

将竣工模型导入专业软件中进行信息化的物业管理、设备设施管理等。如图 6-36

所示。

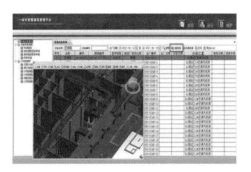

图 6-36 基于 BIM 模型空间管理系统

6.5 BIM 技术在施工实施阶段的应用

6.5.1 改善预制构件库存和现场管理

装配式建筑预制构件生产过程中,对预制构件进行分类生产、储存需要投入大量的人力和物力,并且容易出现差错。利用 BIM 技术结合 RFID 技术,在预制构件生产的过程中嵌入含有安装部位及用途信息等构件信息的 RFID 芯片,存储验收人员及物流配送人员可以直接读取预制构件的相关信息,实现电子信息的自动对照,减少在传统的人工验收和物流模式下出现的验收数量偏差、构件堆放位置偏差、出库记录不准确等问题的发生,可以明显地节约时间和成本。在装配式建筑施工阶段,施工人员利用 RFID 技术直接调出预制构件的相关信息,对此预制构件的安装位置等必要项目进行检验,提高预制构件安装过程中的质量管理水平和安装效率。

6.5.2 提高施工现场管理效率

装配式建筑吊装工艺复杂、施工机械化程度高、施工安全保证措施要求高,在施工开始之前,施工单位可以利用 BIM 技术进行装配式建筑的施工模拟和仿真,模拟现场预制构件吊装及施工过程,对施工流程进行优化;也可以模拟施工现场安全突发事件,完善施工现场安全管理预案,排除安全隐患,从而避免和减少质量安全事故的发生。利用 BIM 技术还可以对施工现场的场地布置和车辆行驶路线进行优化,减少预制构件、材料场地内二次搬运,提高垂直运输机械的吊装效率,加快装配式建筑的施工进度。

6.5.3 提供技术支撑

1. 总结图纸问题

传统的二维设计方式最常见的错误就是信息在复杂的平面图、立面图、剖面图之间的传递差错,对于装配式施工节点,机电管线之间的碰撞、错位更是层出不穷。一个项目有几十张、几百张、甚至上千张的设计图纸,对于整个项目来说,每一张图纸都是一个相对独立的组成部分。这么多分散的信息需要经过专业的工程师的分析才能整合出所有的信息,形成一个可理解的整体。因此,如何处理各项设计内容与专业之间的协同配合,形成一个中央数据库来整合所有的信息,使设计意图沟通顺畅、意思传达准确一致,始终是项目面临的艰巨挑战。对于 BIM 而言,项目的中央数据库信息包含建筑项目的所有实体和功能特征，项目成员之间能够顺利地沟通和交流依赖于这个中央数据库，也使项目的整合度和协作度在很大程度上得到了提高。

基于 BIM 技术提供的三维动态可视化设计，具体表现为立体图形将二维设计中线条式的构件展示，例如暖通空调、给水排水、建筑电气间的设备走线、管道等都用更加直观、形象的三维效果图表示；通过优化设计方案，使建筑空间得到了更好的利用，使各个专业之间管、线"打架"现象得到了有效避免，使各个专业之间的配合与协调得到了提高，有效减少了各个专业、工种图纸间的"错、漏、碰、缺"的发生，便于施工企业及时的发现问题、解决问题。

2. 检查碰撞

BIM 技术在碰撞检查中的应用可分为单专业的碰撞和多专业的碰撞，多专业的碰撞是指建筑、结构、机电专业间的碰撞，多专业的碰撞是因为构件管道过多，因此需要分组集合分别进行碰撞检查。装配式结构除跟现行结构一样可应用多专业的碰撞外，预制构件间的碰撞检查对 BIM 模型的检查具有重要作用。预制构件在工厂预制然后运输至施工现场进行装配安装，如果在施工过程中构件之间发生碰撞，需要对预制构件开槽切角，而预制构件在成型后不能随意开洞开槽，则需要重新运输预制构件至施工现场，造成工期延误和经济损失。预制构件的碰撞主要是预制构件间及预制构件与现浇结构间的碰撞。所以，总结碰撞检测的方法 BIM 的优势可体现在：

（1）BIM 技术能将所有的专业模型都整合到一个模型，然后对各专业之间以及各专业自身进行全面彻底的碰撞检查。由于该模型是按照真实的尺寸建造的，所以在传统的二维设计图纸中不能展现出来的深层次问题在模型中均可以直观、清晰、透彻地展现出来。

（2）全方位的三维建筑模型可以在任何需要的地方进行剖切，并调整好该处的位置关系。

（3）BIM 软件可以彻底的检查各专业之间的冲突矛盾问题并反馈给各专业设计人员来进行调整解决，基本上可以消除各专业的碰撞问题。

（4）BIM 软件可以对各预制构件的连接进行模拟，如若预制主梁的大小或开口位置不准确，将导致预制次梁与预制主梁无法连接，预制梁无法使用。

（5）可以对管线的定位标高明确标注，并且很直观地看出楼层高度的分布情况，很容易发现二维图中难以发现的问题，间接的达到了优化设计，控制了碰撞现象的发生。

（6）BIM 三维模型除了可以生成传统的平面图、立面图、剖面图、详图等图形外，还可以通过漫游、浏览等手段对该模型进行观察，使广大的用户更加直观形象地看到整个建筑项目的详情。

（7）由于 BIM 模型不仅仅是一个项目的数据库，还是一个数据的集成体，所以它能够对材料进行准确的统计。

利用 BIM 技术进行碰撞检测，不仅能提前发现项目中的硬碰撞和软碰撞等交叉碰撞情况，还可以基于预先的碰撞检测优化设计，使相关的工作人员可以利用碰撞检测修改后的图形进行施工交底、模拟，一方面减少了在施工过程中不必要的浪费和损失，优化了施工过程；另一方面加快了施工的进度，提高了施工的精确度。如图 6-37 所示。

3. 优化管线综合排布（图 6-38）

管线综合平衡技术是应用于机电安装工程的施工管理技术，涉及安装工程中的暖通、

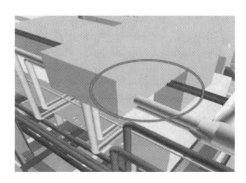

图 6-37　碰撞检查

给水排水、电气等专业的管线安装。在该项目安装专业的管理上，建立了各专业的 BIM 模型，进行云碰撞检查，发现了碰撞点后，将其汇总到安装模型中，再通过三维 BIM 模型进行调整，并考虑各方面因素，确定了各专业的平衡优先级，如当管线发生冲突时，一般避让原则是：小管线让大管线、有压管让无压管、施工容易管线的避让施工难度大的管线，电缆桥架不宜在管道下方等。同时，考虑综合支架的布置与安装空间及顶棚高度等。

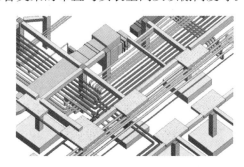

图 6-38　优化管线综合排布

通过提前发现问题、提前定位、提前解决问题，协调了各专业之间的关系。由于 BIM 技术的应用，相比传统施工流程，其地下室管道可提前进行模拟安装，为后续地下室管道安装工作提前做好准备。

传统的管线综合是在二维的平面上来进行设计，难以清晰地看到管线的关系，实际施工效果不佳，应用 BIM 技术后，以三维模型来进行管线设计，确定管线之间的关系，呈现出很大的优势：

（1）各专业协调优化后的三维模型，可以在建筑的任意部位剖切形成该处的剖面图及详图，能看到该处的管线标高以及空间利用情况，能够及时避免碰撞现象的发生。

（2）各楼层的净空间可以在管线综合后确定，利于配合精装修的展开。

（3）管线综合后，可通过 BIM 模型进行实时漫游，对于重要的、复杂的节点可进行观察批注等。通过 BIM 技术可实现工程内部漫游检查设计的合理性，并可根据实际需要，任意设定行走路线，也可用键盘进行操作，使设备动态碰撞对结构内部设备、管线的查看更加方便、直观。

（4）由于各种设备管线的数据信息都在集成在 BIM 模型里了，所对设备管线的列表能够进行较为精确的统计。

6.5.4　5D 施工模拟优化施工、成本计划

利用 BIM 技术，在装配式建筑的 BIM 模型中引入时间和资源维度，将"3D-BIM"模型转化为"5D-BIM"模型，施工单位可以通过"5D-BIM"模型来模拟装配式建筑整个施工过程和各种资源投入情况，建立装配式建筑的"动态施工规划"，直观地了解装配式建筑的施工工艺、进度计划安排和分阶段资金、资源投入情况；还可以在模拟的过程中发现原有施工规划中存在的问题并进行优化，避免由于考虑不周引起的施工成本增加和进度拖延。利用"5D-BIM"进行施工模拟使施工单位的管理和技术人员对整个项目的施工流程安排、成本资源的投入有了更加直观的了解，管理人员可在模拟过程中优化施工方案和顺序、合理安排资源供应、优化现金流，实现施工进度计划及成本的动态管理（图 6-39）。

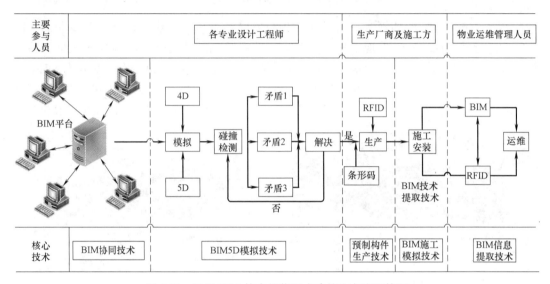

图 6-39　运用 BIM 技术的装配式建筑生产流程管理

基于 BIM 的 5D 动态施工成本控制即在 3D 模型的基础上加上时间、成本形成 5D 的建筑信息模型，通过虚拟施工看现场的材料堆放、工程进度、资金投入量是否合理，及时发现实际施工过程中存在的问题，优化工期、资源配置，实时调整资源、资金投入，优化工期、费用目标，形成最优的建筑模型，从而指导下一步施工（图 6-40）。

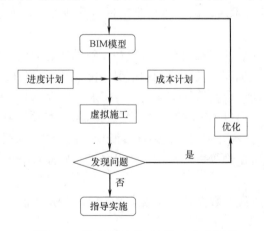

图 6-40　基于 BIM 的 5D 施工动态控制

6.5.5　利用 BIM 技术辅助施工交底

传统的项目管理中的技术交底通常以文字描述为主，施工管理人员以口头讲授的方式对工人进行交底。这样的交底方式存在较大弊端，不同的管理人员对同一道工序有着不同的理解，口头传授的方式也五花八门，工人在理解时存在较大困难，尤其对于一些抽象的技术术语，工人更是摸不着头脑，在交流过程中容易出现理解错误的情况。工人一旦理解错误，就存在较大风险的质量和安全隐患，对工程极为不利。

应改变传统的思路与做法（通过纸介质表达），转由借助三维技术呈现技术方案，使施工重点、难点部位可视化、提前预见问题，确保工程质量，加快工程进度。三维技术交底即通过三维模型让工人直观地了解自己的工作范围及技术要求，主要方法有两种：一是虚拟施工和实际工程照片对比；二是将整个三维模型进行打印输出，用于指导现场的施工，方便现场的施工管理人员拿图纸进行施工指导和现场管理。

BIM 与传统 CAD 相比，具有可视化的显著特点。设备、电气、管道、通风空调等安装专业三维建模并碰撞后，BIM 项目经理组织各专业 BIM 项目工程师进行综合优化，提前消除施工过程中各专业可能遇到的碰撞。如图 6-41 和图 6-42 所示。对于建筑中的复杂节点，利用三维的方式进行演示说明能更好地传递设计意图和施工方法，项目核算员、材料员、施工员等管理人员应熟读施工图纸、透彻理解 BIM 三维模型、吃透设计思想，并按施工规范要求向施工班组进行技术交底，将 BIM 模型中意图灌输给班组，用 BIM 三维图、CAD 图纸书面形式做好交底，避免因施工人员的理解错误给工程带来的不必要的损失。

图 6-41　BIM 模拟现场外墙安装图　　　　　图 6-42　BIM 模拟预制楼梯吊装

6.6　BIM 技术在竣工交付阶段的应用

建筑作为一个系统，当完成建造过程准备投入使用时，首先需要对建筑进行必要的测试和调整，以确保它可以按照当初的设计来运营。在项目完成后的移交环节，物业管理部门需要得到的不只是常规的设计图纸、竣工图纸，还需要得到能正确反映真实的设备状态、材料安装使用情况等与运营维护相关的文档和资料。

BIM 能将建筑物空间信息和设备参数信息有机地整合起来，从而为业主获取完整的建筑物全局信息提供途径。通过 BIM 与施工过程记录信息的关联，甚至能够实现包括隐蔽工程资料在内的竣工信息集成，不仅为后续的物业管理带来便利，并且可以在未来进行的翻新、改造、扩建过程中为业主及项目团队提供有效的历史信息。

目前在竣工阶段主要存在着以下问题：一是验收人员仅仅从质量方面进行验收，对使用功能方面的验收关注不够；二是验收过程中对整个项目的把控力度不大，譬如整体管线的排布是否满足设计、施工规范是否满足要求、是否美观、是否便于后期检修等，缺少直观的依据；三是竣工图纸难以反映现场的实际情况，给后期运维管理带来各种不可预见性，增加运营维护管理难度。

通过完整的、有数据支撑的、可视化竣工 BIM 模型与现场实际建成的建筑进行对比，可以较好地解决以上问题。BIM 技术在竣工阶段的具体应用如下：

（1）验收人员根据设计、施工阶段的模型，直观、可视化地掌握整个工程的情况，包括建筑、结构、水、暖、电等各专业的设计情况，既有利于对使用功能、整体质量进行把关，同时又可以对局部进行细致的检查验收。

（2）验收过程可以借助 BIM 模型对现场实际施工情况进行校核，譬如管线位置是否满足要求、是否有利于后期检修等。

（3）通过竣工模型的搭建，可以将建设项目的设计、经济、管理等信息融合到一个模型中，便于后期的运维管理单位使用，更好、更快地检索到建设项目的各类信息，为运维管理提供有力保障。

6.7　施工企业 BIM 应用中存在的主要问题

BIM 不单纯是软件，更重要的是一种理念，利用 BIM 构建数字化的建筑模型，用最先进的三维数字设计为建筑的建造过程提供解决方案，为建筑决策、建筑设计、建筑施工、建筑的运营维护等各个环节的提供"模拟与分析"的协作平台。

对于建筑项目的工程师来说，应用 BIM 技术需要在决策阶段、设计阶段就要有贯彻协同设计、可持续设计和绿色设计的理念，而不是仅仅把 BIM 技术作为实现从二维到三维甚至多维转变的设计工具。其最终目的是整个工程项目在全寿命周期内能够有效地实现节约成本、降低污染、节省能源和提高效率。

现在，这一理念已经成为国际建设行业可持续设计的里程碑，但是对于施工企业来说，在应用 BIM 的过程中仍存在一系列问题。

1. 对信息化建设的意识淡薄

建筑企业信息化的建设是国家建筑业信息化的基础之一，同时也是企业转型和升级的关键性工作，是企业在管理方面的新鲜事物。但是在实际工作中，企业的决策层、管理层对这项工作普遍有着认识不到位、动力不强、行动缓慢等现象。

2. 企业对信息化建设的资金投入不够

建筑企业开展信息化建设，需要有大量的资金投入，才能满足硬件的建设和软件的开发，特别是在企业的首期建设中，要通过机房的改造、重建，硬件的升级、软件的采购、开发等，才能够形成真正的企业信息系统并发挥其作用。这就需要有很大的资金投入量，但对于大多建筑施工企业来说，这都是一个不小的担子，难以付出大量的资金进行信息化建设。

3. 专业技术人员数量不能满足需要、高水平人员紧缺

在大多数的建筑施工企业内部，从事计算机的应用和管理专业属小众业务，人员配备

不多、开发能力弱。特别是能够既懂计算机技术、又懂建筑专业的复合型人才更为缺乏，不能满足企业信息化建设的需要。

4.政府和行业主管部门的政策支持不到位

目前，对于建筑施工企业信息化的建设工作，政府和行业主管部门提要求多、政策扶持少，硬件升级、软件开发和系统维护等一系列资金投入均由企业自筹，打击了企业开展信息化建设的积极性。此外，政府和行业主管部门在软件开发和标准制定等方面行动尚不到位，仅靠企业自身难以开发易用性能好、兼容度高、运行稳定的信息化软件。

6.8 案例实训

前文主要介绍了 BIM 技术在施工阶段的应用，其中提到，BIM 技术可以模拟施工的过程，为使读者建立起更清晰、更细化的施工过程概念，下面以一栋装配式小楼为对象，详细的虚拟仿真该楼的施工过程。

6.8.1 吊装准备

1.构件堆放区（图 6-43）

案例施工区构件堆放区域主要由预制墙板靠放区、预制墙板插放区、预制楼梯堆放区和叠合楼板堆放区四个区域组成。

图 6-43 构建堆放区

（1）预制墙板靠放区（图 6-44）：该区域主要由靠放架、垫木和构件组成。其中，要求构件与地面的倾斜角度要大于 80°。

（2）预制墙板插放区（图 6-45）：该区域主要由垫木、插放架和构件组成。

（3）预制楼梯堆放区（图 6-46）：该区域主要由构件和垫木组成。其中，要求堆放层数不宜大于 5 层；垫木的长度应该大于两个踏步长度；且端部垫木中心距离预制楼梯构件端部的长度应为整个构件长度的 1/5。

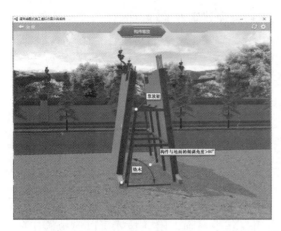
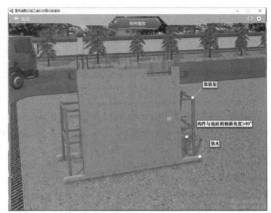

图 6-44　预制墙板靠区

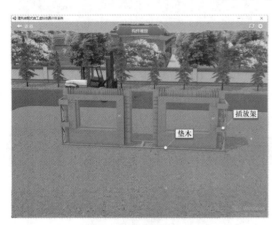
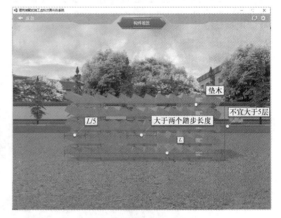

图 6-45　预制墙板插放区　　　　　　　图 6-46　预制楼梯堆放区

（4）叠合楼板堆放区（图 6-47）：该区域主要由叠合楼板构件和垫木组成。

2. 操作人员就位（图 6-48）

信号员 A 主要负责指挥；操作员 B、C、D 主要负责楼面墙板安装；操作员 E 主要负责构建挂钩、制作坐浆料。

图 6-47　叠合楼板堆放区　　　　　　　图 6-48　操作人员就位

3. 测量放线（表6-5）

测量放线基本内容   表6-5

工作内容	根据控制点，弹轴线、控制线，在楼板或地板上弹好墙板侧面位置线、端面位置线和门洞位置线等
方法	首层放线：根据楼四角控制桩点，从而形成"井"字形主轴线平面控制，依据"井"字形主轴线依次弹出所有轴线，同时确定室内控制基准点；二层以上楼层先通过基准点进行引测
人员	2人。工种：施工技术员1名、劳务人员1名
工具	LDF-021经纬仪、水准仪、墨斗、线、10m卷尺、线锤
材料	墨水、标记笔
工作量	案例项目17根轴线、72块墙板
工时	2h

质量控制要点：

项目	允许偏差（mm）	检验方法
轴线	3	钢尺检查

根据预制外墙轴线使用卷尺确定距离预制墙板边线100mm的两点，然后用标记笔进行标记，并使用墨斗弹出墙板边线，如图6-49所示。

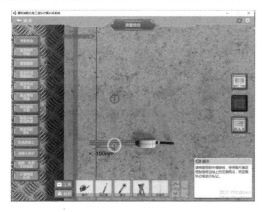 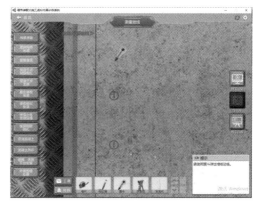

图6-49　测量放线过程

4. 垫块找平（表6-6）

垫块找平基本内容   表6-6

工作内容	水平标高测量、控制标高垫块放置
方法	采用水准仪，根据施工图纸地面和墙板尺寸，放置垫块找平，如图6-50所示。垫块高度不宜大于20mm。垫块应放置在内墙板、外墙板的结构受力层上。每块墙板放置2组垫块
人员	3人。工种：施工技术员1名、劳务人员2名
工具	水准仪、标尺、5m卷尺、铁铲子
材料	(1、2、3、5、10mm)垫块、砂浆
工作量	72块墙板，共144个点
工时	2h

质量控制要点：

项目	允许偏差（mm）	检验方法
标高	3	水准仪或拉线钢尺检查

图 6-50　垫块找平现场

（1）选择合适位置放置垫块，垫块材料说明：垫块尺寸为 80mm×80mm；材质为塑料；规格为 1、2、3、5、10mm；施工要求垫块高度不宜大于 20mm。垫块应放置在内墙板，外墙板的结构受力层上。每块墙板放置 2 组垫块。

（2）选择合适的位置架设水准仪，并将水准尺立在已知标高点，操作水准仪读取水准尺读数并记录；将水准尺立在垫块上，操作水准仪读数并调整垫块，如图 6-51 所示。

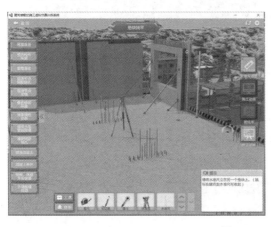

图 6-51　水准仪读数

5. 插筋清理（表 6-7）

插筋清理基本工作内容　　　　　　　　　　　　　　　　　　　表 6-7

工作内容	浇筑前采用插筋定位工装进行插筋校准,浇筑后进行插筋复检,并清理水泥浆及铁锈等,插筋位置应符合图纸要求
人员	1 人。工种:吊装人员
工具	5m 卷尺 1 把、插筋定位工装 1 件、钢刷 1 把、钢管 1 根(长 800mm,内径 18mm)
材料	—
工作量	72 块墙板,92 处插筋
工时	2h

续表

质量控制要点：

项目		允许偏差(mm)	检验方法
插筋	中心线位置	3	尺量检测、宜采用专用定位工装整体检查
	长度	±5	

（1）使用钢刷清理插筋上的水泥浆及铁锈，如图 6-52 所示。

图 6-52　插筋清理现场

（2）接着使用插筋定位工装进行插筋校准，并使用钢筋扳手进行校正，再次使用定位工装进行校准，如图 6-53 所示。

图 6-53　插筋校准

6. 安装橡塑棉条（表 6-8）

安装橡塑棉条基本工作内容　　　　　　　　　　　　表 6-8

工作内容	外墙吊装时，需安装橡塑棉条
方法	用双面胶条将泡沫密封条安装在外墙外侧边线上，阻止灌浆、坐浆往外流出
人员	1人。工种：劳务人员
工具	锤子、扫把
材料	30mm厚、30mm宽橡塑棉条
工作量	108m
工时	1min/模板

将橡塑棉条安装在外墙外边线上，将双面胶粘在橡塑棉条上，然后粘在墙板内侧边缘，防止坐浆料往外流出，如图 6-54 所示。

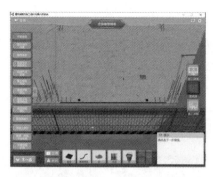

图 6-54　安装橡塑棉条

7. 墙板斜支撑准备（表 6-9）

墙板斜支撑准备基本工作内容　　　　　　　　　　　　　　　表 6-9

工作内容	准备墙板吊装斜支撑
方法	拆除和搬运墙板斜支撑，搬运至待施工层，按照斜支撑安装图的要求，将斜支撑摆放至墙板支撑侧，每块墙板需要长短支撑各 2 件，将墙板长、短斜支撑在支撑侧摆放整齐
人员	2 人。工种:劳务人员
工具	24 套筒棘轮扳手
材料	斜支撑

将斜支撑摆放在待施工处，每块墙板需要长短支撑各两件，如图 6-55 所示。

图 6-55　摆放斜支撑

8. 准备坐浆料（表 6-10）

准备坐浆料基本工作内容　　　　　　　　　　　　　　　表 6-10

工作内容	准备坐浆料
方法	采用搅拌机搅拌砂浆，砂浆配合比(水泥：砂＝1：2)，坐浆材料的强度等级不应低于被连接构件的混凝土强度等级，且应满足下列要求：砂浆流动度(130～170mm)，1 天抗压强度值 30MPa，严格按照规范要求，为无收缩砂浆。按批检验，以每层为一检验批，每工作班应制作一组且每层不少于 3 组边长为 70.7mm 的立方体试件，标准养护 28d 后进行抗压强度试验
人员	1 人。工种:劳务人员
工具	搅拌机、料斗、铲子、吊车
材料	水泥、砂

（1）自制坐浆料，根据设计要求，将水泥、砂和水加入搅拌机；将称量好的物料投入搅拌机，搅拌90s，如图6-56所示。

（2）坐浆料强度等级不应低于被连接构件的混凝土强度等级，砂浆配合比（水泥：砂：水＝1：2：0.6），砂浆流动度70～90mm，一天抗压强度值30MPa，严格按照规范和设计要求执行。

图6-56 坐浆料制作

（3）用吊车将料斗吊至工作层，如图6-57所示。

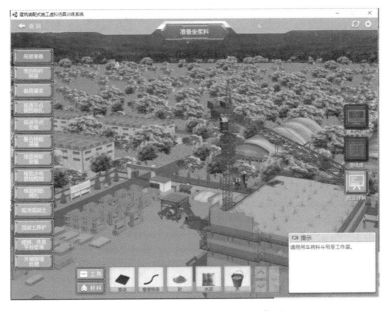

图6-57 用吊车将料斗吊至工作层

6.8.2 竖向构件吊装

1. 坐浆（表6-11）

坐浆基本工作内容　　　　　　　　　　　　　　　　　　　　　表6-11

工作内容	坐浆
方法	坐浆：在墙体边线以内位置坐浆，砂浆具有一定的稠性，且强度≥C30。无收缩砂浆，坐浆高度稍高于垫块高度，坐浆饱满

续表

人员	1人。工种:泥工
工具	灰桶、小抹子
材料	无收缩水泥砂浆
工作量	—
工时	1min/块(与挂钩并行)

用小抹子在灰桶中取砂浆，在墙体边线以内位置坐浆，如图 6-58 所示。

图 6-58　坐浆

2. 挂钩（表 6-12）

挂钩基本工作内容　　　　　　　　　　　　　　　　　表 6-12

工作内容	墙板起吊、转移至施工位置
方法	挂钩与安装引导绳:将平衡梁、吊索移至构件上方，两侧分别设1人挂钩，采用爬梯进行登高操作，将吊钩与墙体吊环连接，吊索水平夹角不宜小于60°、且不应小于45°，在墙板下方两侧伸出箍筋的位置安装引导绳
人员	1人。工种:吊装人员
工具	钢丝绳、吊索、爬梯、卸扣、引导绳
材料	墙板
工作量	每块墙板四个吊点
工时	1min/块

质量控制要点:卸扣必须拧紧,必须露出2~3圈螺纹、安装引导绳

（1）使用吊车将吊钩降到挂钩位置，指挥将平衡梁移到墙板正上方，要求平衡梁中心与墙板重心标识基本在同一铅直线上，将平衡梁上的吊索移动至墙板吊点对应的平衡梁挂钩孔位置；并请操作员使用爬梯进行挂钩作业，如图 6-59 所示。

（2）指挥缓慢起钩，吊索紧绷受力后停止起钩，挂钩人员检查吊具是否挂扣到位。

3. 起吊、移板（表 6-13）

图 6-59　挂钩

起吊、移板基本工作内容　　　　　　　　　　　　　　　　表 6-13

工作内容	墙板起吊、转移至施工位置
方法	墙板起吊、移至施工位置:慢速将墙板调至离地面 20～30cm 处,在确认安全的情况下,中速将构件转移至施工上空,吊装人员通过引导绳摆正构件位置,引导绳不能强行水平移动构件,只能控制其旋转方向,平稳吊至安装位置上方 80～100cm 处
人员	2 人。工种:信号工 1 名、吊车司机 1 名
工具	吊车
材料	—
工作量	—
工时	4min/块

（1）使用吊车将墙板起吊，转移至施工位置，如图 6-60 所示。

图 6-60　起吊

（2）将控制 20mm 缝隙的限位板放置在两墙板外叶间微调。

4. 墙板就位（表 6-14）

墙板就位基本工作内容　　　　　　　　表 6-14

工作内容	墙板就位
方法	墙板就位：等吊至安装平面上方 80～100cm 处，墙板两端施工人员扶住墙板，缓慢降低，将墙板与安装位置线（边线和端线）靠拢。播筋插入灌浆套筒；离地 12～15cm 时，借用镜子观察，将灌浆套筒孔与地面播筋对齐插入，确保墙板边线、端线与地面控制线对齐就位。 外墙板就位后检查板与板拼缝是否为 20mm，板缝上下是否一致，板与板之间接缝平整度校正
人员	6 人。工种：吊车司机 1 名、信号工 1 名、吊装人员 4 名
工具	镜子
工时	2～3min/块

（1）墙板下降至离楼面或地面 1.5m 左右，用滚刷湿润墙板底部，操作员扶住墙板，缓慢降低；指挥员现场指挥塔式起重机司机，如图 6-61 所示。

图 6-61　墙板就位

（2）使用镜子观察，将灌浆套筒孔与地面插筋对齐，确保墙板与安装位置线对齐就位，如图 6-62 所示。

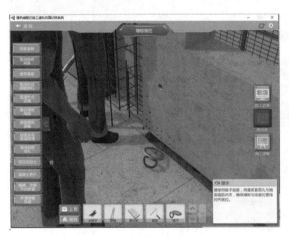

图 6-62　校正墙板位置

5. 安装斜支撑、调整墙板（表 6-15 和图 6-63）

安装斜支撑、调整墙板基本工作内容　　　　　　　　表 6-15

工作内容	安装斜支撑、检查与调整墙板
方法	安装斜支撑：墙板就位后，立即安装长、短斜支撑。支撑安装后，释放吊钩。墙板校准：墙板内斜撑杆以 1 根调整垂直度为准，待校准完毕后紧固另一根，不可 2 根均在紧固状态下进行调整。测量：短斜支撑调整墙板位置，长斜支撑调整墙板垂直度，采用靠尺测量垂直度与相邻墙板的平整度，垂直度三次测量如图 6-63 所示
人员	4 人。工种：吊装人员
工具	靠尺、线锤、24 套筒棘轮扳手、电锤、爬梯、长短斜支撑
材料	—
工作量	—
工时	3～4min/块

质量控制要点：

	项目	允许偏差(mm)	检验方法
1	墙体中心线对轴线位置	5	尺量检查
2	墙体垂直度	3	2m 靠尺、经纬仪或全站仪测量
3	相邻墙侧面平整度	3	1m 水平尺、塞尺量测
4	墙体接缝宽度	±5	尺量检查

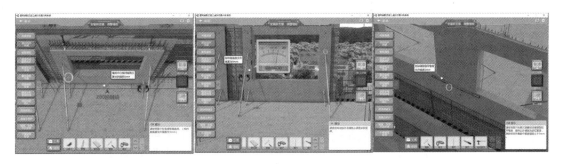

图 6-63　安装斜支撑、调整墙板

（1）墙板就位后，分别立即安装长、短斜支撑。

（2）通过短支撑调整墙板水平位置，外墙板就位，以控制线为初步就位基准，调整墙边线距控制线的距离偏差小于 3mm。

（3）使用靠尺校准墙板垂直度（构件垂直度允许偏差为 5mm）。

（4）使用电动扳手在墙板上紧固长斜支撑。

（5）使用靠尺和塞尺测量相邻墙侧面的平整度，最终以外墙面为定位基准，确保相邻墙面平整度偏差小于 3mm；相邻墙板平整度不符合规范要求时，再次调整短支撑，直至确保外墙面平整。

6. 取钩、移位（表 6-16）

取钩、移位基本工作内容　　　　　　　　　　　　表 6-16

工作内容	取钩、吊绳移位
方法	确定墙板调整固定后,通过爬梯登高取钩,同时将引导绳迅速挂在吊钩上
人员	2人。工种:吊装人员
工具	爬梯
工时	3~5min/块

（1）确定墙板调整固定后，通过爬梯释放吊钩，如图 6-64 所示。

图 6-64　释放吊钩

（2）根据上述步骤，循环安装每一块墙板，5 人/组，每块外墙板吊装时间 16min/块、内墙板吊装时间 13min/块。按照上述方法完成其他墙板安装。

6.8.3　直筒灌浆

使用灌浆挤压枪，向灌浆口进行灌浆；当有灌浆料从上口流出，要在 1~2s 内使用堵头堵住上口。拔掉灌浆枪，1s 内堵住灌浆口下口。灌浆施工时，环境温度不应低于 5℃，灌浆作业应采用压浆法从下口灌注，当浆料从上口流出后及时封堵，如图 6-65 所示。

图 6-65　直筒灌浆

6.8.4 现浇节点钢筋绑扎（表6-17和图6-66）

（1）在外墙接缝处粘贴自黏性防水卷材。

（2）接着在接缝处填充挤塑板。

（3）接着查看图纸，按图纸布置箍筋和纵筋。

现浇节点钢筋绑扎基本工作内容　　　　　　　　表 6-17

工作内容	钢筋绑扎
方法	根据图纸要求从下至上放置箍筋，并保证每个箍筋间隔绑扎；从上至下插入纵筋，并绑扎固定
人员	6人。工种:钢筋工
工具	扎钩、锤子、梯子
材料	扎丝
工作量	58个节点柱钢筋
工时	T型柱 60～75min/人

质量控制要点：

项目			允许偏差（mm）	检验方法
绑扎钢筋网	长、宽		±10	钢尺检查
	网眼尺寸		±10	钢尺连续三档，取最大值
绑扎钢筋骨架	长		±10	钢尺检查
	宽、高		±5	钢尺检查
受力钢筋	间距		±10	钢尺量两端、中间各一点，取最大值
	排距		±5	
	保护层厚度	基础	±10	钢尺检查
		柱、梁	±5	钢尺检查
		板、墙	±3	钢尺检查
绑扎箍筋、横向钢筋间距			±10	钢尺量连续三档，取最大值
钢筋弯起点位置			10	钢尺检查
预埋件	中心线位置		5	钢尺检查
	水平高差		+3,0	钢尺和塞尺检查

图 6-66　现浇节点钢筋绑扎

6.8.5　现浇节点支模

（1）安装现浇节点模板（表6-18）

安装现浇节点模板基本工作内容　　　　　表6-18

工作内容	按照配模图进行模板拼装，并放置在节点指定位置
方法	竖向拼装完成之后，进行横向拼装；横向拼装采用销钉、销片连接。连接时，带转角的模板以阴角模为基准往两边连接，平面模板从左至右进行依序连接。拼装完成后用临时支撑支撑，防止模板倒塌造成安全事故
人员	2人。工种：劳务人员
工具	靠尺、线锤、羊角锤、水平尺、长斜撑
材料	$\phi16$销钉、销片
工作量	8大块模板横向拼接
工时	3~4min/块

质量控制要点：

	项目	允许偏差（mm）	检验方法
1	相邻面板拼缝高低差	≤0.5mm	用2m测尺和塞尺
2	相邻面板拼缝间隙	≤0.8mm	直角尺和塞尺
3	模板垂直度	≤3mm	靠尺、线锤
4	模板水平度	≤2mm	靠尺、水平尺
5	销钉销片连接	间距≤300mm	间距根据孔距确认；连接紧固到位，无松动现象

（2）根据模板事先预留的孔洞进行PVC套管安装，套管安装完成后，每根套管安装一根对拉螺栓，见表6-19。

PVC套管及对拉螺栓安装基本工作内容　　　　　表6-19

工作内容	按照对应的孔位安装PVC套管及对拉螺栓
方法	模板拼装完成后，进行PVC套管安装，根据模板事先预留的孔洞进行PVC套管安装，安装完之后每根套管穿一根对拉螺栓。两人分别站在墙板的两面进行配合操作
人员	2人。工种：劳务人员
工具	羊角锤
材料	$\phi16$对拉螺杆、外径$\phi20$PVC套管
工作量	竖向5组，每组2套
工时	10min/块

质量控制要点：

	项目	允许偏差（mm）	检验方法
1	套管超出模板面	≥10mm	用钢卷尺

（3）根据套管和对拉螺栓安装位置确定背楞安装位置，从顶部开始安装，见表6-20。

背楞安装基本工作内容 表 6-20

工作内容	按照配模图完成背楞安装
方法	竖向五组背楞,横向位置根据套管和对拉螺杆的位置确定,从底部开始安装,该步不完成紧固,只需保证背楞靠近模板即可,适当紧固防止脱落
人员	2人。工种:劳务人员
工具	羊角锤、16 套筒棘轮扳手
材料	背楞、铁垫片、16T 型螺母
工作量	竖向 5 组
工时	8~10min/块

（4）模板调整完成后，使用铁锤进行背楞紧固（图 6-67 和表 6-21）。

图 6-67 现浇节点支模

调整和紧固基本工作内容 表 6-21

工作内容	调整模板位置,完成紧固
方法	高度方向:以墙板上表面为高度参考面,对齐高度参考面;底部高度差通过加木楔弥补;防止漏浆,底部用素混凝土砂浆堵缝,空隙较大处用方木填堵,方木应贴在铝合金模板的下端,平直放置,保证层间墙体的平滑过渡。 宽度方向:设计压边宽度为 50mm,必须保证两边搭边长度不少于 30mm。 到位后,进行垂直度和墙柱的截面尺寸校核,合格后完成背楞紧固,完成底部砂浆补漏措施。去除临时支撑,完成安装
人员	2人。工种:劳务人员
工具	羊角锤、16 套筒棘轮扳手、水平尺、靠尺、线锤
材料	木楔、砂浆
工时	30min/块

质量控制要点：

	项目	允许偏差(mm)	检验方法
1	高度	−5mm	水平尺、靠尺
2	垂直度	≤5mm	靠尺、线锤
3	水平度	≤3mm	靠尺、水平尺
4	墙体截面尺寸	≤5mm	钢卷尺

6.8.6 叠合楼板吊装

1. 支撑搭设（表 6-22 和图 6-68）

支撑搭设基本工作内容 表 6-22

工作内容	搭设叠合楼板支撑、调整标高
方法	每块叠合楼板采用 4 个三脚顶支撑进行支撑。每个顶支撑最大承受支撑力为 20kN。叠合楼板支撑搭设高度为 3.15m，采用带三脚架的顶撑。木方规格为 100mm×100mm×2350mm。木方上表面标高平楼板底部标高
人员	2 人。工种：木工
工具	锤子
材料	三角撑、100mm×100mm 方木
工作量	14 个房间，每个房间 12 根顶撑
工时	3min/根

（1）安装三角撑、撑杆。

（2）安装顶托并在顶托内安装方木。

（3）使用棉线调整标高。

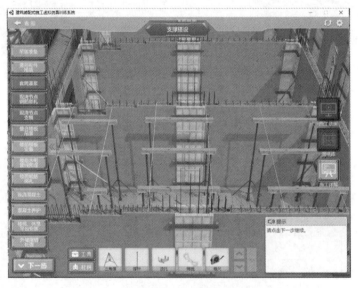

图 6-68 支撑搭设

2. 楼板吊装

（1）弹线：在墙上端红色区域沿轴线用卷尺弹出 10mm 的叠合楼板竖向安装位置线，并用标记笔标记（此处轴线距内墙边线 100mm），接着使用墨斗弹出墙板边线。如图 6-69 所示。

（2）垫密封泡沫条：在搭接处垫密封泡沫条（搭接 10mm），接着使用卷尺量出叠合楼板水平位置线。

（3）使用吊车吊装叠合楼板，如图 6-70 所示。

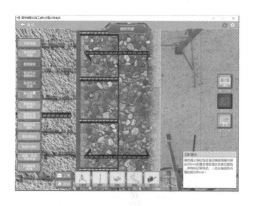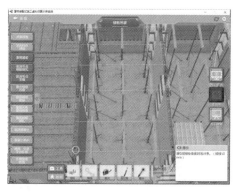

图 6-69　弹线

图 6-70　吊装楼板

6.8.7　楼面模板安装（图 6-71）

（1）安装三角撑和撑杆。

（2）在撑杆顶托内安装方木。

（3）安装接缝模板，并紧固接缝模板。

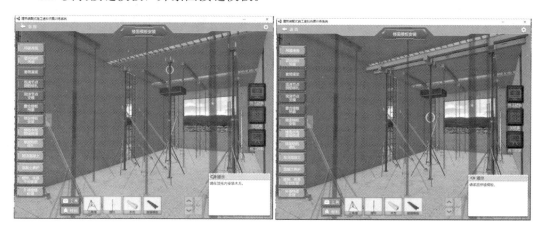

图 6-71　楼面模板安装

6.8.8　楼面水电管线预埋（图6-72）

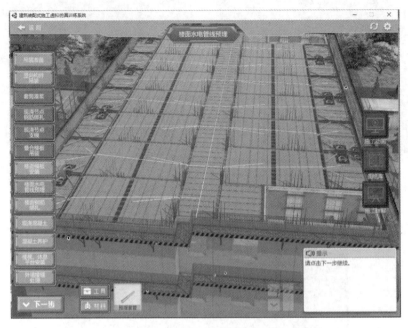

图6-72　预埋楼面水电套管

6.8.9　楼面钢筋绑扎

（1）施工步骤：先布置马凳钢筋；接着绑扎楼面钢筋。如图6-73所示。

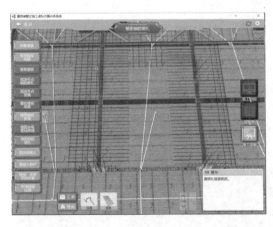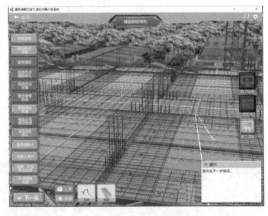

图6-73　钢筋绑扎

（2）质量控制（表6-23）

楼面钢筋绑扎质量控制要点　　　　表6-23

项目		允许偏差（mm）	检验方法
钢筋绑扎网	长、宽	±10	钢尺检查
	网眼尺寸	±10	钢尺连续三档，取最大值
绑扎钢筋骨架	长	±10	钢尺检查
	宽、高	±5	钢尺检查

项目			允许偏差(mm)	检验方法
受力钢筋	间距		±10	钢尺量两端、中间各一点,取最大值
	排距		±5	
	保护层厚度	基础	±10	钢尺检查
		柱、梁	±5	钢尺检查
		板、墙	±3	钢尺检查
绑扎箍筋、横向钢筋间距			±10	钢尺量连续三档,取最大值
钢筋弯起点位置			10	钢尺检查
预埋件	中心线位置		5	钢尺检查
	水平高差		+3,0	钢尺和塞尺检查

6.8.10 现浇混凝土

1. 基本工作内容(表 6-24)

现浇混凝土基本工作内容　　　　　表 6-24

工作内容	现浇柱、板混凝土
方法	检查钢筋、木模、水电预埋后开始浇筑混凝土,一人扶输送管、两人打振动棒(其中一人抬振动电机拉线),两人耙平混凝土,两人收光
人员	7人。工种:浇筑人员
工具	泵车、搅拌车、振动棒、耙子、抹子、水管、5m卷尺、塞尺、绳子
材料	—
工作量	30m³/h
工时	30m³/h

质量控制要点:严格按作业标准执行振捣动作

项目	允许偏差(mm)	检验方法
现浇层标高控制	±8	通过标记记号卷尺测量

2. 施工步骤(图 6-74)

图 6-74　混凝土浇筑

187

（1）混凝土浇筑前用水管洒水湿润模板。

（2）布置泵车，混凝土运输车就位。

（3）接着进行现浇混凝土浇筑：使用振动棒进行混凝土振捣；使用耙子耙平混凝土；使用抹子进行收光。

（4）使用卷尺进行混凝土标高复核。

6.8.11 混凝土养护

1. 混凝土的自然养护

（1）应在浇筑完毕后的12h以内对混凝土加以覆盖并保湿养护。当平均气温低于5℃时，不得浇水。

（2）混凝土浇水养护的时间：对于采用硅酸盐水泥、普通硅酸盐水泥或矿渣硅酸盐水泥拌制的混凝土，不得少于7d；对于缓凝型外加剂或有抗渗要求的混凝土，不得少于14d；当采用其他品种水泥时，混凝土的养护时间应根据所采用水泥的技术性能确定。

（3）浇水次数应能保持混凝土处于湿润状态，混凝土养护用水应与拌制用水相同。

（4）采用塑料布覆盖养护的混凝土，其微露的全部表面应覆盖严密，并应保持塑料布内有凝结水。

2. 施工步骤

（1）使用塑料薄膜覆盖养护混凝土，如图6-75所示。

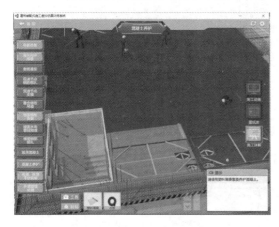 

图6-75 覆盖混凝土

（2）使用水管进行浇水养护，如图6-76所示。

6.8.12 楼梯、休息平台安装（图6-77）

（1）使用吊车吊装预制休息平台。

（2）使用吊车吊装预制楼梯。

6.8.13 外墙接缝处理

1. 接缝验收与处理

当PC板安装完成后，首先要进行接缝的验收，对于接缝处的混凝土有错台、边角缺损、接缝宽度过大或过小、接缝内有异物等情况，必须进行处理后施胶。

（1）接缝异物处理

预制构件安装过程中残留在拼缝内的混凝土挂浆、发泡胶、钢筋头、垫片、模板、方

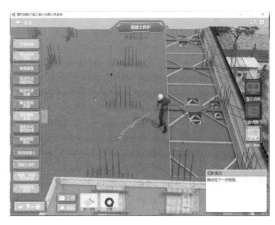

图 6-76　浇水养护

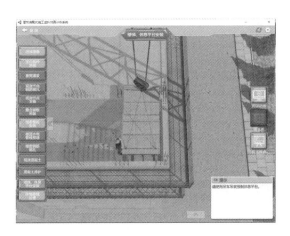

图 6-77　楼梯、休息平台安装

木等，这时要把接缝内以及接缝周围存在的所有残留物清理干净，无论是发泡剂、泡沫板还是混凝土砂浆、混凝土砌块、木块等，都必须清理干净，直到露出混凝土基面。

（2）接缝宽度处理

预制构件安装时，角度控制偏差引起板存在角度偏差，其周围边界便会出现接缝宽窄不一的现象，有时缝宽超过 100mm，有时缝宽不足 2mm。

（3）边角缺损处理

预制构件在运输、吊装过程中常常出现边角破损，出现这种情况需要将缺损周围清理干净，然后再涂界面剂，再修补平整，边口为 90°。

（4）边角错台处理

错台一般出现在十字接缝附近，主要是因为预制构件安装时的角度存在偏差，一块板出现偏差，其涉及相邻十字接缝都会或多或少存在错台，出现这种情况需要将错台处高出部分用角向磨光机打磨掉。

2. 密封胶施工

（1）施工前，需要检查、确认施工环境

1）缝隙形状及尺寸是否合理。

2）施工现场环境是否合适。密封胶对环境温湿度较为敏感，要求在气温 5～45℃ 的环境下施工，雨天不建议施工，选择晴朗天气最佳。目测粘结面有雨水或潮湿、美纹纸对接缝没有粘结，不能施胶。

3）清除接缝内的浮尘、混凝土渣、其他异物，缺陷修补、错台修正打磨、接缝切割调整、接缝周边打磨使缝隙平整、清洁。

（2）施工步骤

1）在缝隙内填充泡沫条：根据接缝宽度选择泡沫棒，标准缝宽度 10～20mm，泡沫棒宽度应大于接缝宽度 2mm 左右；将切割后的洁净泡沫棒均匀塞入接缝中，用手指仔细的平整装填，用钢尺检查深度，确保达到要求。如图 6-78 所示。

2）在接缝周边粘贴美纹纸：粘贴美纹胶带用于保护视角缝两侧装饰平面，粘贴时应在接缝边缘处留出 1mm 距离，横向需控制美纹纸整体平直、宽窄一致，竖向需控制整体的顺直、宽窄一致，注意不要超出粘结面。如图 6-79 所示。

图 6-78　填充泡沫条　　　　　　　　　图 6-79　贴美纹纸

3）涂刷底涂剂：涂刷应均匀，确保接缝两侧都涂刷到位，但不宜涂刷过厚，保证涂刷薄层均匀为宜。涂刷底后 10min 后可进行施胶操作；如果刷超过 8h 未施胶，则需重新涂刷底涂再施胶。底涂剂开启后应在当天使用完。无法一次使用完时，请将剩余部分盖紧密封，置于阴凉处保存，并在 7d 内使用完。如图 6-80 所示。

4）使用专用胶枪施胶（图 6-81）

① 使用专用胶枪上料，可吸入、可挤出。胶嘴用美工刀 45°角切割，切割后的胶嘴应光滑、无毛边。

② 打胶过程中应注意将胶嘴探入到泡沫条，连续打足够的密封胶，避免胶层与泡沫条间产生空腔。从粘结面底部开始施胶，防止气泡产生。

③ 打胶后用按压板按压抹平，确保粘结面积均匀、饱满。十字缝先由上到下刮，然后再由左到右两侧刮，这样才能保证胶的美观。在密封胶尚未结皮前，必须马上进行修整。

5）清除美纹纸：必须在胶表干前撕下美纹胶带，防止胶体结皮后撕扯美纹胶时带起胶体；撕美纹胶带时，美纹胶带与施胶基面大致呈 45°；撕下的美纹胶切勿乱丢，可装进垃圾袋内。可使用溶剂清洁接缝周边的污染物。密封胶前期固化过程中禁止接触化学物质和进行外力碰触。如出现暴雨等恶劣天气，需要遮盖物保护刚打的密封胶，防止雨水或冰雹破坏胶面，影响外观。

图 6-80　刷底涂剂

图 6-81　施胶

6.8.14　验收标准

密封胶的长期耐久性和防风防雨性能主要依靠于其对接缝基材的粘结力。在理想情况下，密封胶在基材上的粘合强度应大于接缝密封胶本身的内聚强度。按照设计，在过度位移下，在密封胶与基材粘结破坏前，密封胶会从内部开裂和撕裂，即密封胶的设计可以保护基底不受损坏，防止维修费用过高。验收标准如下：

1. 施工后观感

接缝施胶完毕后，要求接缝周围清扫干净、胶面平滑，无明显凹痕及突起，目测胶体和被粘结面充分密实粘结。

2. 密封胶现场拉伸试验

（1）按压粘结界面，检查是否 100％粘结。密封胶与混凝土界面不脱离，则合格；反之则粘结不良。如图 6-82 所示。

（2）测绘密封胶边框、伸长率观察区：标记 20cm×1.2cm，并在第 11～12cm 处阴影突出，便于测量。如图 6-83 所示。

图 6-82　按压粘结界面

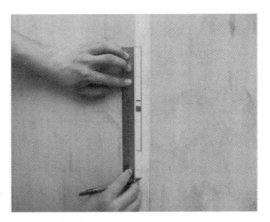

图 6-83　测绘密封胶边框、伸长率观察区

（3）切割密封胶两侧

1）拉出下部 10cm 胶条，如图 6-84 所示。

2）沿垂直墙面方向拉扯胶条，如图 6-85 所示。

图 6-84 拉出下部胶条

图 6-85 拉扯胶条

3）拉断胶条，测试伸长率观察区最大长度，如图 6-86 所示。

4）观察断裂位置，观察密封胶粘结性：若发生界面剥离，则判定不合格。若 1cm 阴影在胶体被拉断之前被拉长至 4cm，则判定合格。如图 6-87 所示。

图 6-86 测试最大长度

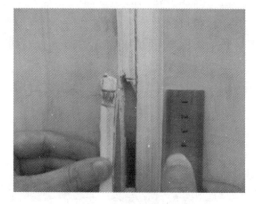

图 6-87 观察密封胶粘结性

习 题

一、选择题

1. 下列步骤哪项属于运营维护阶段（　　）?

A. 造价管理

B. 构建存储管理

C. 物业管理

D. 构建进场检查

2. 下列哪一项不属于 BIM 的现场装配信息化管理（　　）?

A. 构件运输、安装方案的信息化控制

B. 装配现场的工作面管理

C. 装配现场施工关键工艺展示

D. 预制构件的编码与信息创建

3. 工程施工成本控制不包括（　　）。

A. 项目投标

B. 专家评审

C. 施工准备

D. 竣工验收

二、问答题

4. 三维质量控制优点有哪些？

5. 传统二维质量控制缺陷有哪些？

6. 基于 BIM 技术的绿色施工信息化管理体系主要包括哪些？

7. 施工模拟具有的优势有哪些？

8. BIM 技术在施工实施阶段的应用包括哪些？

参 考 答 案

1. C　2. D　3. A

4. 电脑自动在各专业间进行全面检验，精确度高；在任意位置剖切大样及轴测图大样，观察并调整该处管线标高关系；轻松发现影响净高的瓶颈位置；在综合模型中进行直观的表达碰撞检测结果。

5. 手工整合图纸，凭借经验判断，难以全面分析；均为局部调整，存在顾此失彼情况；标高多为原则性确定相对位置，大量管线没有精确确定标高；通过"平面＋局部剖面"的方式，对于多管交叉的复制部位表达不够充分。

6. 基于 BIM 技术的绿色施工信息化管理的目标、基于 BIM 技术的绿色施工信息化管理的内容、基于 BIM 技术的绿色施工信息化管理方法、基于 BIM 技术的绿色施工信息化管理的流程。

7. 先模拟后施工，对资源和进度方面实行有效的控制；协调施工进度和所需要的资源；可靠地预测安全风险。

8. 改善预制构件库存和现场管理；提高施工现场管理效率；提供技术支撑；5D 施工模拟优化施工、成本计划；利用 BIM 技术辅助施工交底。

第7章

BIM技术在装配式建筑运行维护
阶段的应用

【本章导读】

本章首先解释了建筑运行维护管理的定义；接着分析了装配式建筑运维中可能存在的问题及其优势；接着说明了 BIM 技术在运维与设施管理中的应用，主要在以下几个方面：空间管理、设备管理、资产管理、能耗管理、物业管理、建筑物改建拆除及灾害应急处理。

7.1　建筑运行维护管理的定义

建筑运行维护管理是指建筑在竣工验收完成并投入使用后，整合建筑内人员、设施及技术等关键资源，通过运营充分提高建筑的使用率，降低它的经营成本，增加投资收益，并通过维护尽可能延长建筑的使用周期而进行的综合管理。

在运营维护阶段的管理中，BIM 技术可以随时监测有关建筑使用情况、容量、财务等方面的信息。通过 BIM 文档完成建造施工阶段与运营维护阶段的无缝交接和提供运营维护阶段所需要的详细数据。在物业管理中，BIM 软件与相关设备进行连接，通过 BIM 数据库中的实时监控运行参数判断设备的运行情况，进行科学管理决策，并根据所记录的运行参数进行设备的能耗、性能、环境成本绩效评估，及时采取控制措施。

在装配式建筑及设备维护方面，运维管理人员可直接从 BIM 模型调取预制构件及设备的相关信息，提高维修的效率及水平。运维人员利用预制构件的 RFID 标签❶获取保存其中的构件质量信息，也可取得生产工人、运输者、安装工人及施工人员等相关信息，实现装配式建筑质量可追溯，明确责任归属。利用预制构件中预埋的 RFID 标签，对装配式建筑的整个使用过程能耗进行有效地监控、检测并分析，从而在 BIM 模型中准确定位高能耗部位，并采取合适的办法进行处理，实现装配式建筑的绿色运维管理。

7.2　装配式建筑运营维护中存在的问题与优势

1. 传统运营维护管理的弊端分析

传统的建筑运维管理主要采用手写记录单，这种方式既增加工作量、浪费时间，在记录过程中又容易出现错误，而且纸质记录单还可能出现破损或丢失。在日常运营过程中，诸如资产盘点、设备基本信息查询和维修及突发事件时的应急管理等活动，通常需要从大量的图纸和文件等资料中手动寻找所需要的信息，无法做到快速获取。同时，传统的运维管理通常将信息按照固定的形式记录于纸质文件中，并通过人工方式进行收集、整理，这使得不同的用户无法对资料进行自由组合。这些原因导致传统的运维管理效率非常低下，增加了管理成本。

近些年来，一些运维管理中开始采用相关的专业软件对信息进行管理，这在一定程度上解放了人力，提高了信息获取速度。但是，不同软件产生的电子文件格式各不相同，这使得很大一部分的电子文件格式不能兼容，导致各软件之间信息无法相互传递和有效利用。

从项目全寿命期来看，传统的项目管理模式下项目各阶段的目标并不一致，项目各参与方会以所参与阶段的目标为主，各阶段之间缺乏有效的交流。同时，各阶段使用的管理系统通常只能在该阶段中使用，各管理系统的存储格式大部分也都各不相同无法通用，同一阶段各参与方所使用的专业软件的存储格式很多也存在兼容性的问题。这使得各阶段产

---

❶　射频识别，RFID（Radio Frequency Identification）技术，又称无线射频识别，是一种通信技术，可通过无线电信号识别特定目标并读写相关数据，而无需识别系统与特定目标之间建立机械或光学接触。

生的大量、繁杂的信息无法顺利的传递、共享和集成，信息在传递流通过程中也可能出现大量流失，导致前期设计、施工阶段的重要信息无法全部传递到后期运营阶段，增加了运营维护管理难度。

单纯从运营维护阶段来看，传统的运维管理缺乏主动性和应变性，主要表现在对隐患的预防措施关注不足、对突发事件的应变能力较差，无法主动处理危机，只能被动的在事故发生后进行处理，无法挽回造成的经济及其他方面的损失。

这些弊端的存在使得管理效率难以提高，管理成本上升、管理难度增加。传统的建筑运维管理已经越来越不能适应经济和社会飞速发展的今天，特别是近些年来大型、复杂的公共建筑项目的增多，更使得管理难度成倍地增加。因此，通过引入新技术、运用新方法来解决建筑运维管理存在的弊端，已经变得越来越重要。

2. BIM技术在公共建筑运维阶段的应用价值分析

随着BIM技术在建筑项目的前期策划设计、施工阶段的应用愈加普及，使得应用BIM技术实现对建筑全生命期的覆盖成为可能。BIM本身的特点相比于传统建筑运维管理表现出强大的优势，主要有下几个方面：

（1）BIM的参数化模型能够对建筑项目从前期策划规划阶段至项目竣工验收所产生的全部信息数据进行存储，而且这些信息并不是杂乱无章地存储在建筑信息模型之中，而是经过系统性的分类和关联，使得与构件有关的所有信息能够指向相对应的构件，同时模型还能科学地存储运营维护阶段诸如设备参数和维修信息等运维信息，可以通过建筑信息模型实现所需信息的快速查找等操作。这就弥补了传统运维管理存在的信息流失、手动查找信息困难等弊端。

（2）BIM模型具有可视化的特点，不仅能从立体的实物形式展示传统二维图纸中表示的建筑构件和构造，而且还可直观展示建筑项目中安装的设备等部分。在现实情况下，建筑中的空调系统、电力、供水等建筑设备通常会被隐藏起来无法直接被看到，而BIM模型二维可视化的特点可以帮助管理人员摆脱过去在设备检修时只能依靠实践经验、辨别力与二维CAD图纸反复比对才能完成设备定位的困境，特别是在紧急情况下需要快速定位设备时这种优势尤其明显。

（3）BIM的可模拟性在运营维护阶段可以协助管理人员定位和识别潜在的隐患，并且通过图形界面准确标示危险发生的具体位置。BIM模型也可对可能发生的紧急情况进行模拟，比如消防疏散模拟等，帮助管理人员制定紧急疏散预案。模型中的空间信息可以用于识别疏散线路和环境危险之间的隐藏关系，从而确保疏散人员的生命安全，降低损失。

7.3 BIM技术在运维与设施管理中的应用

BIM在运维的应用，通常可以理解为运用BIM技术与运营维护管理系统相结合，对建筑的空间、设备、资产等进行科学管理，对可能发生的灾害进行预防，降低运营维护成本。具体实施中常将物联网、云计算技术等与BIM模型、运维系统和移动终端等结合起来应用，最终实现整体运维管理。如图7-1所示。

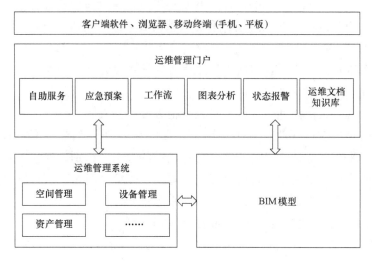

图 7-1　BIM 运维整体架构图

7.3.1 空间管理

空间管理是针对建筑空间的全面管理，有效的空间管理不仅可提高空间和相关资产的实际利用率，而且还能对在这些空间中工作、生活的人有着激发生产力、满足精神需求等积极影响。通过对空间特点、用途进行规划分析，BIM 技术可合理帮助整合现有的空间，实现工作场所的最大化利用。采用 BIM 技术，可以更好地满足装配式建筑在空间管理方面的各种分析和需求，更快捷地响应企业内部各部门对空间分配的请求，同时也可高效的进行日常相关事务的处理。准确计算空间相关成本，通过合理的成本分摊、去除非必要支出等方式，可以有效地降低运营成本，同时能够促进企业各部门控制非经营性成本，提高运营阶段的收益。

BIM 技术应用于空间管理中具有以下几点优势：

1. 实现空间合理分配、规划，提高空间利用率

公共建筑主要用来供人们进行各种政治、经济、文化、福利服务等社会活动，这一特点就决定了其空间需求的多样化。传统的空间管理经常笼统的根据主要需求进行功能分区，忽视其深层次精细化需要，这种粗放式的管理方法往往引发使用空间和功能上的冲突。基于 BIM 技术的空间管理将空间按不同功能要求进行细化分类，并根据它们之间联系的密切程度加以组合，通过更加合理的分配、规划建筑空间，避免各功能分区间的空间重叠或浪费。同时，基于 BIM 模型和数据库的智能系统能够可视化追踪空间使用情况，并灵活收集和组织空间的相关信息。根据实际需要，结合成本分摊比率、配套设施等参考信息，通过使用预定空间模块，能够实现空间使用率的最大化。这种基于 BIM 技术的实时、动态的空间管理，能最大程度的提升空间利用率，分摊运营成本，增加运营收益。

2. 管理租赁信息，预测收益发展趋势，提高投资回报率

应用 BIM 技术的空间可视化管理，可实现对不同功能分区和楼层的空间目前使用状态、收益、成本及租赁情况的统一管理，通过相关信息分析，判断影响不动产财务状况的周期性变化及发展趋势，从而提高建筑空间的投资回报率，并能够抓住出现的机会及规避潜在的风险。

3. 分析报表需求

存储于 BIM 模型中详细精确的空间面积、使用状态以及其他相关信息是实时更新的，这一特点使得管理系统能够自动生成反映目前建筑使用情况的诸如成本分摊比例表、成本详细分析、人均标准占用面积、组织占用报表等各类报表，满足内外部的报表需求，协助管理者根据不同需求做出正确决策。

7.3.2 设备管理

装配式建筑设备管理是使建筑内设备保持良好的工作状态，并尽可能延缓其使用价值降低的进程，在保障建筑设备功能的同时，最好地发挥它的综合价值。设备管理是建筑运营维护管理中最主要的工作之一，关系着建筑能否正常运转。近些年来智能建筑不断涌现，使得设备管理工作量、成本等方面在建筑运维管理中的比重越来越大。BIM 技术应用于建筑设备管理，不仅可将繁杂的设备基本信息以及设计安装图纸、使用手册等相关资料进行系统存储，方便管理者和维修人员快速获取查看，避免了传统的设备管理存在的设备信息易丢失、设备检修时需要查阅大堆资料等弊端，而且通过监控设备运行状态，能够对设备运行中存在的故障隐患进行预警，从而节省设备损坏维修所耗费的时间，减少维修费用，降低经济损失。

1. 设备信息查询与定位识别

管理者将包括设备型号、重量、购买时间等基本信息及设计安装图纸、操作手册、维修记录等其他设备相关的图形与非图形信息通过手动输入、扫描等方式存储于建筑信息模型中，基于 BIM 的设备管理系统将设备所有相关信息进行关联，同时与目标设备以及相关设备进行关联，形成一个闭合的信息环，如

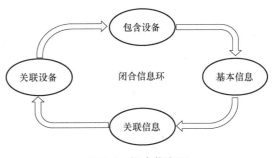

图 7-2 闭合信息环

图 7-2 所示。维修人员等用户通过选择设备，可快速查询该设备所有的相关信息、资料，同时也可以通过查找设备的信息，快速定位该设备及其上游控制设备，通过这种方式可以实现设备信息的快速获取和有效利用。

BIM 技术通过与 RFID 技术（无线射频识别技术）相结合，可以实现设备的快速精准定位。RFID 技术为所有建筑设备附属一个唯一的 RFID 标签，并与 BIM 模型中设备的 RFID 标签 ID 一一对应，管理人员通过手持 RFID 阅读器进行区域扫描获取目标设备的电子标签，就可快速查找目标设备的准确位置。到达现场后，管理人员通过扫描目标设备附属对应的二维码，可以在移动终端设备上查看与之关联的所有信息，维修管理人员也因此不必携带大堆的纸质文件和图纸到实地，实现运维信息电子化。

2. 设备维护与报修

基于 BIM 的设备运维管理系统能够允许运维管理人员在系统中合理制定维护计划，系统会根据计划为相应的设备维护进行定期提醒，并在维修工作完成后协助填写维护日志并录入系统之中。这种事前维护方式能够避免因设备出现故障之后再维修所带来的时间浪费，降低设备运行中出现故障的概率以及故障造成的经济损失。当设备出现故障需要维修时，用户填写保修单并经相关负责人批准后，维修人员根据报修的项目进行维修，如果需

要对设备组件进行更换，可在系统中查询备品库寻找该组件，在维修完成后在系统中录入维修日志作为设备历史信息备查，设备报修流程如图7-3所示。

图7-3　设备报修流程

7.3.3　资产管理

房屋建筑及其机电设备等资产是业主获取效益、实现财富增值的基础。有效的资产管理可以降低资产的闲置浪费，节省非必要开支，减少甚至避免资产的流失，从而实现资产收益的最大化。

基于BIM技术的资产管理将资产相关的海量信息分类存储和关联到建筑信息模型之中，并通过3D可视化功能直观展现各资产的使用情况、运行状态，帮助运维管理人员了解日常情况，完成日常维护等工作，同时对资产进行监控，快速准确定位资产的位置，减少因故障等原因造成的经济损失和资产流失。

基于BIM技术的资产管理还能对分类存储和反复更新的海量资产信息进行计算分析和总结。资产管理系统可对固定资产的新增、删除、修改、转移、借用、归还等工作进行处理，并及时更新BIM数据库中的信息；可对资产的损耗折旧进行管理，包括计提资产月折旧、打印月折旧报表、对折旧信息进行备份等，提醒采购人员制定采购计划；对资产盘点的数据与BIM数据库里的数据进行核对，得到资产的实际情况，并根据需要生成盘盈明细表、盘亏明细表、盘点汇总表等报表。管理人员可通过系统对所有生成的报表进行管理、分析，识别资产整体状况，对资产变化趋势做出预测，从而帮助业主或者管理人员做出正确决策，通过合理安排资产的使用，降低资产的闲置浪费，提高资产的投资回报率。

7.3.4　能耗管理

建筑能耗管理是针对水、电等资源消耗的管理。对于建筑来说，要保证其在整个运维阶段正常运转，产生的能耗总成本将是一个很大的数字，尤其是如超高层建筑大型装配式建筑，在能耗方面的总成本将更为庞大，如果缺少有效的能耗管理，有可能会出现资源浪费现象，这对业主来说是一笔非必要的巨大开支，对社会而言也会造成不可忽视的巨大损失。近些年来智能建筑、绿色建筑不断增多，建筑行业乃至社会对建筑的能耗控制的关注程度也越来越高。BIM技术应用于建筑能耗管理，可以帮助业主实现高效的管理，节约运营成本，提高收益。

1. 数据自动高效采集和分析

BIM技术在能耗管理中应用的作用首先体现在数据的采集和分析上。传统能耗管理耗时、耗力、效率比较低，拿水耗管理来说，管理人员需要每月按时对建筑内每一处水表进行查看和抄写，再分别与上月抄写值进行计算才能得到当月所用水量。在BIM和信息化技术的支持下，各计量装置能够对各分类、分项能耗信息数据进行实时的自动采集，并汇总存储到建筑信息模型相应数据库中，管理人员不仅可通过可视化图形界面对建筑内各部分能耗情况进行直观浏览，还可以在系统对各能耗情况逐日、逐月、逐年汇总分析后，得到系统自动生成的各能耗情况相关报表和图表等成果。同时，系统能够自动对能耗情况进行同比、环比分析，对异常能耗情况进行报警和定位示意，协助管理人员对其进行排查，发现故障及时修理，对浪费现象及时制止。

2. 智能化、人性化管理

BIM技术在能耗管理中应用的作用还体现在建筑的智能化、人性化管理上。基于BIM的能耗管理系统通过采集设备运行的最优性能曲线、最优寿命曲线及设备设施监控数据等信息，并综合BIM数据库内其他相关信息，对建筑能耗进行优化管理。同时，BIM技术可以与物联网技术、传感技术等相结合，实现对建筑内部的温度、湿度、采光等的智能调节，为工作、生活在其中的人们提供既舒适又节能的环境，以空调系统为例，建筑管理系统通过室外传感器对室内外温湿度等信息进行收集和处理，智能调节建筑内部的温度，达到舒适性和节能之间的平衡，如图7-4所示。

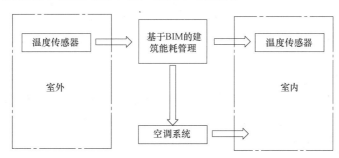

图7-4　室内空调智能调节

7.3.5　物业管理

现代建筑业发端以来的信息都存在于二维图纸包括各种电子版本文件和各种机电设备的操作手册上，二维图纸有三个与生俱来的缺陷：抽象、不完整和无关联，需要使用的时候由专业人员自己去找到信息、理解信息，并据此对建筑物进行一个个恰当的"动作"，这是一个花费时间且容易出错的工作，往往会在装修的时候钻断电缆、水管破裂后找不到最近的阀门、电梯没有按时更换部件造成坠落、发生火灾疏散不及时造成人员伤亡等。

以BIM技术为基础结合其他相关技术，实现物业管理与模型、图纸、数据一体化，如果业主相应的建立了物业运营健康指标，那么就可以很方便的指导、记录、提醒物业运营维护计划的执行。

7.3.6　建筑物改建拆除

运维阶段，软件以其阶段化设计方式实现对建筑物改造、扩建、拆除的管理，参数化的设计模式可以将房间图元的各种属性，如名称、体积、面积、用途、楼地板的做法等集合在模型内部，结合物联网技术在建筑安防监控、设备管理等方面的应用可以很好地对建筑进行全方位的管理。虽然现在电子标签的寿命并不足以满足一般民用建筑物设计使用期限年的要求，但是如果将来的技术更加成熟，标签寿命更长，我们可以将管理的实现延长到建筑物的拆除阶段，这将满足建筑可靠性要求的构件重新利用，减少材料能源的消耗，满足可持续发展的需要。

7.3.7　灾害应急处理

装配式建筑作为人们进行政治、经济、文化、生活等社会活动的场所，其人流量注定了会非常密集，如果发生地震、火灾等灾害事件却应对滞后，将会给人身、财产安全造成难以挽回的巨大损失，因此，针对灾害事件的应急管理极其必要。BIM技术支持下的灾害应急管理不仅能出色完成传统灾害应急管理所包含的灾害应急救援和灾后恢复等工作，而且还可在灾害事件未发生的平时进行灾害应急模拟和灾害刚发生时的示警和应急处理，从而有效地减少人员伤亡，降低经济损失。

1. 灾害应急救援和灾后恢复

在火灾等灾害事件发生后，BIM系统可以对其发生位置和范围进行三维可视化显示，同时为救援人员提供完整的灾害相关信息，帮助救援人员迅速掌握全局，从而对灾情做出正确的判断，对被困人员及时实施救援。BIM系统还可为处在灾害中的被困人员提供及时的帮助。救援人员可以利用可视化BIM模型为被困人员制定疏散逃生路线，帮助其在最短时间内脱离危险区域，保证生命安全。

凭借数据库中保存的完整信息，BIM系统在灾后可以帮助管理人员制定灾后恢复计划，同时对受灾损失等情况进行统计，也可以为灾后遗失资产的核对和赔偿等工作提供依据。

2. 灾害应急模拟及处理

在灾害未发生时，BIM系统可对建筑内部的消防设备等进行定位和保养维护，确保消火栓、灭火器等设备一直处于可用状态，同时综合BIM数据库内建筑结构等信息，与设备等其他管理子系统相结合，对突发状况下人员紧急疏散等情况进行模拟，寻找管理漏洞并加整改，制定出切实有效的应急处置预案。

在灾害刚发生时，BIM系统自动触发报警功能，向建筑管理人员以及内部普通人员示警，为其留出更多的反应时间。管理人员可通过BIM系统迅速做出反应，对于火灾可以采取通过系统自动控制或者人工控制断开着火区域设备电源、打开喷淋消防系统、关闭防火调节阀等措施，对于水管爆裂情况可以指引管理人员快速赶到现场关闭阀，有效控制灾害波及范围，同时开启口禁，为人员疏散打开生命通路。

习　题

一、选择题

1. 传统运营维护管理的弊端不包括（　　）。

A. 增加工作量、浪费时间

B. 记录过程中容易出现错误

C. 纸质记录单还可能出现破损或丢失

D. 记录造价偏高

2. BIM模型具有可视化的特点（　　）。

A. 可直观展示建筑项目中安装的设备等部分

B. 对可能发生的灾害进行预防

C. 可实现整体运维管理

D. 可降低运营维护管理难度

3. 下列哪项不是BIM技术应用于空间管理具有的优势（　　）？

A. 实现空间合理分配、规划，提高空间利用率

B. 管理租赁信息，预测收益发展趋势，提高投资回报率

C. 使建筑内设备保持良好的工作状态

D. 分析报表需求

二、问答题

4. BIM 在运维的应用，有哪些特点？

5. BIM 技术在公共建筑运维阶段的优势在于哪些？

6. BIM 技术在运维与设施管理中的应用包括哪些？

参 考 答 案

1. D　2. A　3. C

4. 对建筑的空间、设备资产等进行科学管理；对可能发生的灾害进行预防；降低运营维护成本。

5. 使得与构件有关的所有信息能够指向相对应的构件、能科学的存储运营维护阶段诸如设备参数和维修信息等运维信息、具有可视化的特点、在运营维护阶段可以协助管理人员定位和识别潜在的隐患。

6. 空间管理、设备管理、资产管理、能耗管理、物业管理、建筑物改建拆除、灾害应急处理。

参 考 文 献

[1] 杨爽. 装配式建筑施工安全评价体系研究 [D]. 沈阳建筑大学，2016.

[2] 刘明. BIM 技术在建筑工程施工质量控制中的应用研究 [D]. 兰州交通大学，2016.

[3] 孙钰钦. BIM 技术在我国建筑工业化中的研究与应用 [D]. 西南交通大学，2016.

[4] 戴文莹. 基于 BIM 技术的装配式建筑研究 [D]. 武汉大学，2017.

[5] 杜康. BIM 技术在装配式建筑虚拟施工中的应用研究 [D]. 聊城大学，2017.

[6] 姬丽苗. 基于 BIM 技术的装配式混凝土结构设计研究 [D]. 沈阳建筑大学，2014.

[7] 庞元明. 装配式建筑工程施工过程中 BIM 技术应用实践 [J]. 中国建材科技，2018.

[8] 齐宝库，李长福. 基于 BIM 的装配式建筑全生命周期管理问题研究 [J]. 施工技术，2014，43
（15）：25-29.

[9] 田东方. BIM 技术在预制装配式住宅施工管理中的应用研究 [D]. 湖北工业大学，2017.

[10] 王召新. 混凝土装配式住宅施工技术研究 [D]. 北京工业大学，2012.

[11] 周蝉. 混凝土装配式住宅建筑施工技术优势 [J]. 黑龙江科技信息，2015（05）：154.

[12] 柏青. 混凝土装配式住宅施工技术 [J]. 智能城市，2016，2（04）：188+190.

[13] 付亚静. 基于 ERP-BIM 的装配式住宅建筑项目管理研究 [D]. 武汉科技大学，2016.

[14] 刘琼，李向民，许清风. 预制装配式混凝土结构研究与应用现状 [J]. 施工技术，2014，43
（22）：9-14.

[15] 魏江洋. 浅析预制装配式混凝土（PC）技术在民用建筑中的应用与发展 [D]. 南京大学，2016.

[16] 王俊. 预制装配剪力墙结构推广应用技术的改进研究 [D]. 东南大学，2016.

[17] 张超. 基于 BIM 的装配式结构设计与建造关键技术研究 [D]. 东南大学，2016.

[18] 叶国仁. BIM 技术在预制装配式结构中的应用 [J]. 甘肃科技，2017，33（14）：85-86.

[19] 祁敏，刘雷，杨磊. 装配式（PC）砼外墙体与现浇砼墙体连接施工处理技术 [J]. 江苏建材，
2017（06）：45-47.

[20] 张帆. 预制装配式建筑精细化设计研究 [J]. 建筑知识，2017，37（14）：11-12.

[21] 樊则森，李新伟. 装配式建筑设计的 BIM 方法 [J]. 建筑技艺，2014（06）：68-76.

[22] 岳莹莹. 基于 BIM 的装配式建筑信息共享途径和方法研究 [D]. 聊城大学，2017.

[23] 韩友强. 装配式建筑施工仿真研究 [D]. 北京建筑大学，2017.

[24] 李天华，袁永博，张明媛. 装配式建筑全寿命周期管理中 BIM 与 RFID 的应用 [J]. 工程管理学
报，2012，26（03）：28-32.

[25] 张家昌，马从权，刘文山. BIM 和 RFID 技术在装配式建筑全寿命周期管理中的应用探讨 [J].
辽宁工业大学学报（社会科学版），2015，17（02）：39-41.

[26] 刘俊娥，高思，郭章林. BIM 技术在装配式建筑中的应用探究 [J]. 价值工程，2017，36（23）：
161-163.

[27] 白庶，张艳坤，韩凤，等. BIM 技术在装配式建筑中的应用价值分析 [J]. 建筑经济，2015，36
（11）：106-109.

[28] 邹文芳. 基于 BIM 的预制装配建筑体系应用技术 [J]. 建材与装饰，2017（38）：24-25.

[29] 陈建飞. 基于 BIM 的装配式建筑全生命周期管理问题研究 [J]. 居业，2016（03）：156-157.

[30] 贾爽，黎亚亮，薛永胜. 基于 BIM 的装配式建筑全生命周期管理问题研究 [J]. 河南科技，2015
（23）：32-33.

[31] 李雅琦，朱成峰，王园园. 浅谈装配式建筑的发展现状及对策研究 [J]. 科技资讯，2017，15

（30）：70.

[32] 包胜，邱颖亮，金鹏飞，等. BIM 在建筑工业化中的应用研究 [J]. 建筑经济，2017，38（12）：13-16.

[33] 杨亚丽，刘可心，李彦婕. BIM 技术在装配式建筑中的应用研究综述 [J]. 黑龙江科技信息，2017（05）：258-259.

[34] 林文明. 浅谈 BIM 理念下的装配式建筑全生命周期管理 [J]. 价值工程，2018，37（01）：51-52.

[35] 何山. 基于 BIM 的装配式建筑全生命周期管理问题探析 [J]. 科技创新与应用，2016（05）：65.

[36] 闵立，刘璐. 浅谈贯穿装配式住宅全生命周期的 BIM 信息化管理 [J]. 住宅科技，2014，34（06）：53-56.

[37] 闫浩，邓思华，李晨光，等. BIM 技术在装配式混凝土框架结构中的研究与应用 [J]. 建材技术与应用，2016（04）：33-34.

[38] 康鹏. 基于 BIM 的预制装配式建筑在新农村建设中的应用研究 [D]. 西安科技大学，2017.

[39] 刘占省，赵明，徐瑞龙. BIM 技术在我国的研发及工程应用 [J]. 建筑技术，2013，44（10）：893-897.

[40] 刘占省，王泽强，张桐睿，等. BIM 技术全寿命周期一体化应用研究 [J]. 施工技术，2013，42（18）：91-95.

[41] 刘占省，赵明，徐瑞龙. BIM 技术在建筑设计、项目施工及管理中的应用 [J]. 建筑技术开发，2013，40（03）：65-71.

[42] 刘占省. BIM 技术在我国的研发及应用 [N]. 建筑时报，2013-11-11（004）.

[43] 周哲敏. BIM 技术在国内外的发展及使用情况研究 [C] //全国现代结构工程学术研讨会，2017.

[44] 刘沛. 基于 BIM 思维的住宅产业化应用研究 [D]. 青岛理工大学，2016.

[45] 段梦恩. 基于 BIM 的装配式建筑施工精细化管理的研究 [D]. 沈阳建筑大学，2016.

[46] 丁勇. 关于装配式建筑发展的几点思考 [C] //中国科协年会——分 7 绿色设计与制造信息技术创新论坛. 2014：103-105.

[47] 雷洋. 信息化技术在预制装配式建筑中的应用 [J]. 建设科技，2016（21）：79.

[48] 李俊杰，杨晖. 基于 BIM 技术的建筑工业化发展研究 [J]. 建筑经济，2016，37（11）：10-14.

[49] 胡珉，蒋中行. 预制装配式建筑的 BIM 设计标准研究 [J]. 建筑技术，2016，47（8）：678-682.

[50] 陈振基. 我国建筑工业化 60 年政策变迁对比 [J]. 建筑技术，2016，47（4）：298-300.

[51] 于龙飞，张家春. 基于 BIM 的装配式建筑集成建造系统 [J]. 土木工程与管理学报，2015，32（4）：73-78.

[52] 姜腾腾. 绿色建筑背景下基于 BIM 技术的建筑工业化发展机制研究 [J]. 土木建筑工程信息技术，2015，7（2）：59-60.

[53] 陈振基. 中国住宅建筑工业化发展缓慢的原因及对策 [J]. 建筑技术，2015，46（3）：235-238.

[54] 田东，李新伟，马涛. 基于 BIM 的装配式混凝土建筑构件系统设计分析与研究 [J]. 建筑结构，2016（17）：58-62.

[55] 马跃强，施宝贵，武玉琼. BIM 技术在预制装配式建筑施工中的应用研究 [J]. 上海建设科技，2016（04）.

[56] 罗志强，赵永生. BIM 技术在建筑工业化中的应用初探 [J]. 聊城大学学报（自然科学版），2015，28（4）：56-59.

[57] 齐宝库，朱娅，刘帅，等. 基于产业链的装配式建筑相关企业核心竞争力研究 [J]. 建筑经济，2015，36（8）：102-105.

[58] 刘占省，马锦姝，卫启星，等. BIM 技术在徐州奥体中心体育场施工项目管理中的应用研究

[J]. 施工技术，2015，44（6）：35-39.

［59］ 李华峰，崔建华，甘明，等. BIM 技术在绍兴体育场开合结构设计中的应用 [J]. 建筑结构，2013（17）：144-148.

［60］ 贺灵童. BIM 在全球的应用现状 [J]. 工程质量，2013，31（3）：18-25.

［61］ 张建平. BIM 在工程施工中的应用 [J]. 施工技术，2012，41（16）：18-21.